本书由国家重点研发计划项目（2020YFE0201400）资助

"一带一路"沿线纺织工业清洁生产与碳中和发展战略研究

李 方　徐晨烨　沈忱思　马春燕　编著

中国纺织出版社有限公司

内 容 提 要

本书系统梳理了纺织行业生产、技术、政策、标准等方面的发展现状，研究探讨了纺织行业当前企业、园区及国家层面的清洁生产现状及发展规划，对适合向"一带一路"沿线国家和地区转移的清洁生产技术进行了梳理，重点探讨了清洁生产的实施路径与潜力、新形势下面向碳中和目标的可持续发展等问题。

本书适合从事纺织行业清洁生产与碳中和发展研究的技术人员和管理人员阅读。

图书在版编目（CIP）数据

"一带一路"沿线纺织工业清洁生产与碳中和发展战略研究 / 李方等编著. -- 北京：中国纺织出版社有限公司，2023.7

ISBN 978-7-5229-0603-4

Ⅰ.①一… Ⅱ.①李… Ⅲ.①纺织工业－无污染工艺 ②纺织工业－低碳经济－发展战略－研究 Ⅳ.① X791 ② F416.81

中国国家版本馆 CIP 数据核字（2023）第 092465 号

"YIDAIYILU" YANXIAN FANGZHI GONGYE QINGJIE SHENGCHAN YU TANZHONGHE FAZHAN ZHANLÜE YANJIU

责任编辑：孔会云　　特约编辑：蒋慧敏　　责任校对：高　涵
责任印制：王艳丽

中国纺织出版社有限公司出版发行
地址：北京市朝阳区百子湾东里 A407 号楼　邮政编码：100124
销售电话：010—67004422　传真：010—87155801
http://www.c-textilep.com
中国纺织出版社天猫旗舰店
官方微博 http://weibo.com/2119887771
三河市宏盛印务有限公司印刷　各地新华书店经销
2023 年 7 月第 1 版第 1 次印刷
开本：710×1000　1/16　印张：12.5
字数：210 千字　定价：128.00 元

凡购本书，如有缺页、倒页、脱页，由本社图书营销中心调换

前 言

中国自古是丝纺织、棉纺织大国。自公元前202年张骞"凿空"之旅打通西行之路后，中国古代出产的丝绸源源不断地从长安（今西安）出发经过河西走廊沿线，途经新疆，翻越葱岭，到达大宛、康居、大夏。这一条影响着世界的丝绸之路，千年以来记载着我国在纺织服装上的商贸探索，见证着东西方的纺织技术在互相交流中的不断进步，谱写着沿线地区人民互通有无、共同发展的华丽篇章。

壮志西行追古踪，孤烟大漠夕阳中。

驼铃古道丝绸路，胡马犹闻唐汉风。

经过长期的发展，我国成为世界纺织产业规模最大的国家，也是产业链最完整、门类最齐全的国家，而"绫罗绸缎"与"丝绸之路"的关联历久弥新。2013年，习近平总书记提出建设"新丝绸之路经济带"和"21世纪海上丝绸之路"的合作倡议，丝绸之路的内涵也不再局限于最初的意义。"一带一路"既是新形势下中国对外开放的空间策略，更是国际合作与全球治理模式的新探索，彰显了中华民族对世界和平发展的责任与担当。我国在推进"一带一路"建设的过程中，始终把生态文明理念放在重要位置，加快"一带一路"共建国家和地区重污染行业清洁生产发展，为推动全面绿色低碳转型和夯实可持续纺织强国建设指明了方向。

纺织行业作为我国的传统优势行业，一直以来凭借劳动力优势和原材料资源优势占据市场。纺织品的全生命周期中会产生大量的资源消耗和环境影响。作为我国重要的基础民生产业，纺织产业升级转型是顺应保护自然环境和自然资源的要求。与我国相比，共建国家在全球工业分工中多处于中低端位置，存在资源效率低下、污染排放严重等相关问题，导致"一带一路"沿线国家和地区整体清洁生产水平不高。因此，推动绿色低碳循环可持续发展，要加强全产业链清洁化转型，深入推动产品绿色设计，将节约资源能源、循环发展理念贯穿于纺织产品全生命周期。开展"一带一路"沿线国家和地区纺织行业清洁生产与碳中和战略研究，可促进中国同沿线国家和地区纺织行业的战略对接，进行优势互补，对于提升"一带一路"纺织行业清洁生产水平，实现行业绿色低碳转型升级，推进绿色"一带一路"建设具有重要意义。

  本书分析了"一带一路"沿线国家和地区纺织行业总体情况与清洁生产发展现状，分别从生产水平、技术实施、政策标准、管理体系等方面进行阐述。通过梳理适宜向"一带一路"沿线国家和地区转移的清洁生产技术，充分比较了各国（地区）目前发展状态及发展规划。本书立足作者多年来关于纺织行业清洁生产的研究成果，基于生命周期评价方法，利用水足迹、碳足迹等分析工具对典型纺织生产过程的环境影响进行全面评价，并在新形势背景下对智能化、数字化及新能源技术提出思考。本书内容全面丰富，适合从事该领域的研究人员阅读，展望未来，从清洁生产的实施案例中获取碳中和的路径及节能减排的方法，有助于提高纺织行业整体的可持续发展水平。此外，本书编写过程中感谢柴研玲、陈金超、杜缪佳、甘京京、胡雪儿、景渊、李溢男、于航、张思远的倾情付出。

  "雄关漫道真如铁，而今迈步从头越。""一带一路"起于"丝绸"，行于"丝绸"，但不会终于"丝绸"！

编著者

2022 年 11 月

目 录

第1章 绪论 ··· 1

1.1 从古丝绸之路到"一带一路"的现代复兴 ······························ 1

    1.1.1 丝绸之路与纺织文化的传播 ······································ 1

    1.1.2 "一带一路"倡议下纺织行业的机遇与挑战 ················ 3

1.2 我国纺织工业概况 ·· 7

1.3 "一带一路"沿线国家和地区纺织工业概况 ·························· 13

    1.3.1 东南亚 ·· 13

    1.3.2 南亚 ··· 16

    1.3.3 中西亚 ·· 18

    1.3.4 非洲 ··· 22

    1.3.5 南美洲 ·· 24

1.4 碳中和背景下纺织工业的可持续转型 ································· 25

    1.4.1 碳中和背景 ··· 25

    1.4.2 纺织工业的可持续发展转型 ······································ 26

1.5 纺织工业的清洁生产 ·· 29

    1.5.1 纺织工业清洁生产发展现状 ······································ 29

    1.5.2 "一带一路"清洁生产技术实施 ································ 33

第2章 纺织工业清洁生产政策与标准体系 ································· 35

2.1 我国纺织工业清洁生产政策与标准体系 ······························ 35

    2.1.1 我国纺织印染行业清洁生产相关政策 ························· 35

    2.1.2 我国纺织行业清洁生产相关标准 ······························· 42

    2.1.3 我国纺织行业清洁生产指标体系 ······························· 48

2.2 "一带一路"沿线国家和地区的纺织工业清洁生产管理体系 …… 49
  2.2.1 越南 …… 50
  2.2.2 老挝 …… 52
  2.2.3 泰国 …… 52
  2.2.4 印度 …… 53
  2.2.5 俄罗斯 …… 55
2.3 我国纺织行业清洁生产实施进程及现状 …… 56
  2.3.1 企业层面 …… 56
  2.3.2 园区层面 …… 58
  2.3.3 国家层面 …… 60

第3章 纺织工业清洁生产技术与实施 …… 63

3.1 适合向"一带一路"沿线国家和地区转移的清洁生产技术 …… 63
  3.1.1 羊毛清洗与油脂同步回收技术 …… 63
  3.1.2 印染技术 …… 64
  3.1.3 废水膜法再生利用技术 …… 69
  3.1.4 废旧纤维再生技术 …… 70
3.2 "一带一路"沿线国家和地区实施的清洁生产技术与案例 …… 71
  3.2.1 土耳其 …… 71
  3.2.2 巴西 …… 72
  3.2.3 印度尼西亚 …… 73
  3.2.4 孟加拉国 …… 74
  3.2.5 "一带一路"沿线国家和地区实施的服装企业清洁生产案例 …… 74
3.3 我国典型企业清洁生产实施案例 …… 91
  3.3.1 多层面清洁生产措施 …… 91
  3.3.2 无水液氨丝光工艺 …… 93
  3.3.3 活性染料染色残液盐回用系统 …… 94

第4章 "一带一路"沿线国家和地区纺织工业清洁生产潜力分析与实施路径 98

4.1 "一带一路"沿线国家和地区纺织工业清洁生产潜力分析 98
4.1.1 生命周期边界、核算对象和路径 98
4.1.2 全生命周期计算 103
4.1.3 纺织工业的生命周期 110

4.2 新形势下的纺织工业清洁生产发展 117
4.2.1 智能化和数字化的作用与潜能 117
4.2.2 新能源技术的影响 122

第5章 面向碳中和目标的纺织工业清洁生产 124

5.1 全球纺织行业低碳化现状与发展趋势 124

5.2 "一带一路"沿线国家和地区纺织工业全生命周期碳排放 130
5.2.1 技术路线 131
5.2.2 系统边界定义 132
5.2.3 碳排放核算 132

5.3 清洁生产技术与碳中和路线以及纺织工业节能减排典型案例分析 136
5.3.1 纺织品生产环节的节能减排 137
5.3.2 废水处理环节的节能降碳技术 145
5.3.3 清洁生产实施案例 149

5.4 纺织工业碳中和标准 149

5.5 面向碳中和目标的纺织工业发展展望 153
5.5.1 加速工业园集聚化 153
5.5.2 强化环境影响评价和排污许可制度的融合作用 154

参考文献 156

附录 ·· 162

　　附录1　非织造企业清洁生产工程实施案例 ·· 162

　　附录2　印染企业清洁生产工程实施案例 ·· 177

第 1 章　绪论

1.1　从古丝绸之路到"一带一路"的现代复兴

1.1.1　丝绸之路与纺织文化的传播

在中国古代，欧亚大陆间有一条以长安（今西安）为起点，经甘肃、新疆，到中亚、西亚，并连接地中海沿岸各国的商贸大道。1877 年，德国旅行家、地理地质学家、科学家费迪南·冯·李希霍芬男爵（Ferdinand von Richthofen）将其命名为"丝绸之路"。其实，早在汉朝之前，连接中西方贸易交流的通道已经出现，但彼时这条通道还未被官方认可，中西方的贸易量和文化经济交流少。直到张骞通西域后，汉朝朝廷开始管理这条贸易通道，由此正式开启了东方向西方贸易的大门，汉朝的丝绸得以走向世界，"丝绸之路"自此进入通畅期。魏晋南北朝时期，我国长期处于分裂割据的状态，社会动荡使边疆民族向中原迁移，不同的民族文化与中原传统文化开始得以交流，民族融合十分繁荣，这为丝绸之路在后续进入繁荣期打下了基础。唐朝时期国力强盛，对外开放包容性强，与西域各国之间贸易往来频繁，丝绸之路进入繁荣期。到了元朝，元朝的统一使各个民族之间的交流更加密切，贸易往来更加频繁，丝绸之路自此进入黄金期。元末以后，东西方走向了不同的发展道路，丝绸之路逐渐衰落。直到今天，"一带一路"倡议的提出为重振丝绸之路带来了希望。

丝绸之路是一条从东亚开始，经过中亚、西亚、欧洲和非洲，连接东西方的商贸大道，不仅可以实现亚欧非之间的商品交换贸易，还可以加强东西方的文化和技术交流。通过丝绸之路，东西方的纺织技术在相互交流的过程中不断地发展进步。在唐朝以前，东西方纺织技术交流先后有两个阶段。第一阶段为公元前 10 世纪至公元 6 世纪，中国丝织品与纺织技术的西传，中国丝织品大量运往西方，这些丝织品在受到西方广泛欢迎的同时，也为西方带去了先进的纺织技术与理念。西方在吸收了中国平纹经锦提花技术的基础上还开发出平纹纬锦，进而发展成斜纹纬锦。第二阶段为公元 6 世纪后，西方纬锦技术传入中国，中国纺织技术通过吸收西方纬锦技术并结合传统丝织锦技术从而达到了一个新的水平。

1.1.1.1　中亚

依托古代中亚地区发达的畜牧业，毛纺织业成了重要的手工业，中亚人民大多能生产各种图案的毛纺织物，生产出来的毛线和毛纺织品独具特色。西汉初期，毛纺织物是中亚地区居民衣装原料的主要选择。但随着后来丝绸的传入和各种纺织技术的发展，丝织物、棉织物等其他织物开始出现，毛织物逐渐退出主要地位。此外，古代中亚很早以前就有了染色技术，大多使用天然染料对纺织品进行染色，色谱体系丰富而饱和，成品稳定不易褪色。

随着丝绸之路的进一步畅通和沿线各个国家之间的商品贸易往来与文化技术交流，中亚纺织文化与技术逐渐发展起来。中亚文化与希腊文化、游牧文化、中原文化相互影响、相互交融，这对中亚纺织艺术产生了影响，其纺织品花纹、图案和题材不再局限于本国文化，出现中国、欧洲等其他地区的文化元素，变得丰富多彩。同时受到丝绸之路沿线国家的影响，丝、棉等其他纺织技术开始在中亚传播，中亚地区的纺织技术得以迅速发展。总之，中亚纺织行业的发展受益于丝绸之路，是中西方交流的结果。

1.1.1.2　欧洲

丝绸之路开通后，随着中西方之间的贸易往来，中国的养蚕技术逐渐传入欧洲。9世纪时，意大利通过阿拉伯人引进了小细亚细蚕种，开始养蚕。10世纪后意大利丝织业逐渐发展起来，到了13世纪时在佛罗伦萨一带盛行起来。17世纪初期，法国引进了一种由意大利米兰的工匠所改进的手工提花机，这使丝织品的生产向前迈进一大步，随后，以里昂为首的法国南部城市的丝织业迅速发展起来。19世纪初期，西方发明了代替手工提花机的电动提花机，此后，法国的提花织物行业发生了巨大的变化，从这时起，西方的织物技术已经有了质的飞跃。

1.1.1.3　非洲

非洲拥有悠久的纺织工艺史，早期生产的纺织品主要用于家庭与社区成员和贸易销售。非洲古代纺织布料最早以天然纤维为纺织原料制成，而天然纤维的来源包括本地的树皮、棉花、动物毛皮等。非洲古代也有着一定的织造和染色技术，织造以单综织机和双综织机为主要织机。此外，在北非和埃塞俄比亚使用的织机，其纺织布料通常采用拼花、刺绣、染色等技术进行装饰。在非洲染色技术中扎染与蜡或糨糊防染最为流行，而染料一般从植物原料中提取，其中靛蓝的使用最为广泛。同时，非洲古代纺织品的设计已开始有了自己的主题，言语故事、动植物、同时代的事物都是它们的题材，纺织品的设计与其地域、社会变迁和时代发展有着密不可分的联系。其中马里的泥浆防染技术就十分具有地方特色，此设计反映出了古老建筑风格。

据记载，自汉朝起位于北非的埃及与中国就存在着间接的贸易往来。丝绸之路的开辟将中非丝绸及其他商品贸易交流推向新的高度，丝绸作为中非贸易往来的最早最主要的商品，在埃及甚至整个非洲的贵族之间受到了热烈追捧，他们以身穿丝绸为荣。罗马统治埃及后，中非丝绸贸易进一步扩大，中非的文化、生产技术也随之展开了交流。后来埃及从中国引进了装有踏躞的水平织机，促进了其丝织技术的发展。唐朝时期，中国的丝织技术已经非常成熟了，产品繁多，大量丝绸销往埃及。到了宋元时期，中非贸易往来达到了新的规模，丝绸等商品运往非洲的数量大大增加。明清时期，海上丝绸之路取代陆上丝绸之路，成为中非贸易往来的主要通道。

古代中非丝绸贸易中纺织商品与技术的传播推动了古代非洲纺织业的发展。丝绸之路上的中非丝绸贸易，使中国特产的丝绸销往非洲的同时，为非洲带去了东方的丝绸文化与丝织技术。非洲的埃及深受中国丝织技术的影响，从中国引进了提花机和水平织机，这使埃及的丝织技术得到了快速的发展，其生产的丝织品出口到世界各地。

1.1.2 "一带一路"倡议下纺织行业的机遇与挑战
1.1.2.1 "一带一路"倡议的提出

当前世界格局正发生着复杂而深刻的变化。受 21 世纪初经济危机的影响，全球经济复苏乏力，国际贸易急需促进。为此，发达国家纷纷提出"再工业化"战略，向高端制造业转变，抢占产业链和价值链的顶端位置。发展中国家凭借其廉价的劳动力等因素承接国际产业转移，在传统市场展开激烈竞争。

改革开放以来，我国经历了三十多年的经济高速发展时期，但自 2012 年以来，经济增长速度回落，高增长背后的问题逐渐显现。国内经济发展面临"新常态"，传统产业转型升级面临困境，低端制造业资源消耗高、经济效益低，高端制造业技术水平不足、缺乏创新能力，我国可持续发展能力不足。

我国发展面临着复杂而严峻的国内外形势，在这种背景下，我国提出了"一带一路"倡议，秉持开放的区域合作精神，致力于维护全球自由贸易体系和开放型世界经济。

"一带一路"是"丝绸之路经济带"和"21 世纪海上丝绸之路"的简称。"一带一路"是和平之路、繁荣之路、开放之路、绿色之路、创新之路、文明之路，它延续了古代丝绸之路的精神，以和平发展的方式积极与沿线各国开展合作实现共赢，共同顺应经济全球化趋势，构建命运共同体。如今，越来越多国家对"一带一路"倡议表现出了浓厚的兴趣并主动参与进来，纷纷提出相关建议和方案，"一带一路"大家庭逐渐壮大。"一带一路"不仅是中国事业，同时也是沿线国家的共同事业。"一带一路"倡议始终坚持"共商、共建、共享"原则，有利于推动沿线各国加强合作，促进区域繁荣，维护世界和平与稳定，是一项惠及全人类的伟大事业，对我国和"一带一路"沿线国家，甚至世界都具有非凡意义。

"一带一路"倡议涉及范围广泛，规模庞大，是现如今主要的国际合作平台之一。其涉及国家众多，涵盖了新加坡、以色列等发达国家，越南、印度、土耳其、埃及等发展中国家，还有能源资源丰富的中亚国家，劳动力资源优势的东南亚国家。"一带一路"倡议将发展情况不同、资源优势不同的众多国家连接起来，这将为"一带一路"沿线各国之间的产业合作带来前所未有的机遇。

随着"一带一路"倡议的提出，中国纺织企业与沿线各国的贸易往来日益频繁，文化和技术交流逐渐增多，我国纺织行业迎来了前所未有的发展机遇，一是与他国形成战略联盟，达成纺织专业技术合作；二是沿线各国基础设施逐渐完善，提升了纺织运输的物流效率；三是向劳动力资源优势国家进行产业转移，降低了纺织生产成本。与此同时，我国纺织行业也面临着挑战，如国际形势不稳定、出口汇率不稳定、产能过剩等都是需要解决的难题。

1.1.2.2 纺织工业的现状

在中国，纺织业是一个劳动密集程度高和对外依存度较大的产业，其下游产业主要有服装业、家用纺织品、产业用纺织品等。作为中国传统行业之一，一直以来，纺织业在中国经济发展中占据重要地位，是国民经济的支柱型产业。

作为世界上纺织业加工生产和贸易大国，我国纺织行业不仅在国内市场满足国民的衣着和就业需求，在国际上同样有着举足轻重的地位。2001年，中国加入世界贸易组织后，与国际市场贸易往来日益频繁，再加上随后纺织品配额限制取消，我国纺织业经济得到迅速发展。中国作为传统纺织产品的大型加工国之一，在经济全球化的大好局势下，纺织业经济稳步增长。随着纺织业贸易体系的形成，我国纺织产品的优势逐渐凸显，在国际地位中的竞争力越来越强。但近年来，受化纤、棉花等原料上涨，人工费不断提高，国际形势不稳定、出口汇率不稳定等因素影响，我国纺织业在"一带一路"倡议下获得机遇的同时，也面临着巨大的挑战。

目前，我国纺织行业的主要优势为自然资源和劳动力资源。据国家统计局的调查数据显示，我国2021年全国棉花总产量为573.1万吨，相较于2020年下降了 3.0%，但全国棉花产量单产有所提高，2021 年全国棉花单位面积产量 126.2 公斤/亩，比 2020 年增加了 1.8 公斤/亩，增长 1.5%（图 1-1）。除了棉花产量大外，我国还有很多其他天然化纤资源，其种类繁多，产量在全球居于领先位置。与此同时，中国是人口大国，劳动力资源充足，这一点很好地满足了劳动密集型传统纺织业的需求。

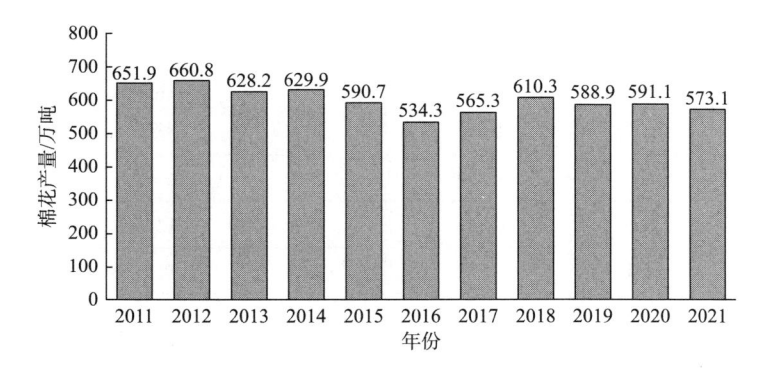

图 1-1　2011～2021 年我国棉花产量统计数据

（数据来源：国家统计局）

但凭借这两种优势我国纺织业还无法实现产业进一步发展与升级，还需提高自主研发与创新能力，形成技术优势，以此推动纺织业的更新换代，提升纺织业的生产效率与技术水平。目前我国纺织业缺乏自主创新能力、专业技术与人才，产业升级还有很长一段路要走。

随着经济全球化不断深入，世界纺织品贸易额迅速增长，各国纺织品服装市场不断发展壮大，竞争越来越激烈。近几十年来，世界纺织贸易格局发生了极大的改变，从 20 世纪 70 年代的欧洲、美国、日本三足鼎立走向如今的欧洲、北美洲、亚洲三面鼎立。在这种局势下，我国纺织业要抓住新时代的机遇，加快转型升级的步伐，实现可持续高速发展。

1.1.2.3　纺织业全球价值链位置指数的国际比较

全球价值链（global value chain position，GVC）地位指数反映了一国或地区在全球价值链中的分工地位。该指数越大，表明一国的某产业在全球价值链中分工地位越高，处于全球价值链的上游，获取附加值能力强。若指数越小，表面一国的某产业在全球价值链中分工地位越低，处于全球价值链的下游，在全球分工中承担中间品加工等附加值小的环节。根据表 1-1 可知，目前世界各国纺织业在全球价值链中的分工地位，我国纺织业在全球价值链分工中处于中下游位置，越南、印度、巴基斯坦等发展中国家处于下游位置，日本、英国、美国等发达国家的纺织业处于全球价值链的上游位置。

表 1-1 2017 年各国纺织业 GVC 地位指数及排名

序号	国家	GVC 地位指数	序号	国家	GVC 地位指数
1	挪威	1.019	17	斯洛伐克	0.815
2	俄罗斯	0.995	18	法国	0.812
3	新加坡	0.925	19	捷克	0.811
4	日本	0.911	20	德国	0.807
5	芬兰	0.894	21	西班牙	0.802
6	英国	0.868	22	意大利	0.789
7	澳大利亚	0.835	23	韩国	0.788
8	爱沙尼亚	0.840	24	土耳其	0.787
9	立陶宛	0.840	25	加拿大	0.782
10	克罗地亚	0.840	26	越南	0.779
11	波兰	0.839	27	巴西	0.772
12	美国	0.834	28	中国	0.765
13	瑞典	0.827	29	印度尼西亚	0.751
14	拉脱维亚	0.826	30	巴基斯坦	0.739
15	奥地利	0.824	31	老挝	0.734
16	斯洛文尼亚	0.815	32	印度	0.724

在纺织业的全球价值链中，发达国家凭借其资本、技术优势仍占主导位置，而大部分发展中国家由于受到各种约束，主要负责劳动密集型、资源密集型等附加值低的环节，处于低端位置。美国、日本、欧盟等发达国家和地区在全球市场具有很强的竞争力，价值链中产品研发设计、营销宣传和品牌服务等附加值高的高端环节被其所占据。其国内的很多大型企业凭借着先进的核心技术、优秀的研发能力和最新的市场营销手段，打造出国际知名品牌，再通过赋予其产品品牌价值和打开广阔的市场销售渠道从国际贸易中获取高附加值，获得高利润。他们占据服装设计和品牌营销等高附加值的高端环节，将产品加工等附加值低的劳动密集型、资源消耗型、环境污染型环节转移到发展中国家，如越南、印度尼西亚等。

1.1.2.4 全球价值链升级路径

中国是世界上最大的纺织品服装生产和出口国,目前在纺织业全球价值链中处于中下游位置。中国纺织业主要占据纺织中间品加工等附加值低的环节,在高端纺织市场所占份额小。近年来,我国"人口红利"逐渐消失,劳动力成本上升,东南亚等地区则凭借其丰富且廉价的劳动力优势受到发达国家的青睐,纷纷将纺织加工制造环节向这些地区转移。此外,国际上贸易争端不断,一些发达国家通过设立一系列技术壁垒、加征关税等举措对我国纺织业造成了较大影响。

在这种背景下,我国纺织业要想得到发展,就必须寻求转变。首先,加快纺织业的转型升级,注重纺织产业链的两端即前端的产品研发、原材料生产和末端的深加工和市场营销环节,这两部分环节技术含量高且附加值高,利润大。其次,我国要深化推动"一带一路"倡议,加强与"一带一路"沿线国家和地区之间的交流,开展合作,探寻新机遇,扩大我国纺织出口市场。

全球纺织价值链升级路径就是通过扩大资本、发展技术来增强我国纺织生产制造的研发能力,逐渐从纺织产业链下游向产业链上游转移,从低附加值的加工组装等低端环节向附加值高的设计研发、产品营销等高端环节转移,从劳动密集型向资本密集型、技术密集型转移。在如今严峻而复杂的世界形势下,我国要加快纺织产业的转型升级,提升我国在全球纺织价值链中的分工地位,推动我国纺织业的可持续发展。

1.2 我国纺织工业概况

纺织业是我国的传统行业,一直以来占据着经济发展的重要地位,是国民经济的支柱性产业。目前,我国的纺织行业布局合理,拥有棉、毛、丝、麻、化学纤维等原料和产品综合发展的部门,以及服装、鞋帽和纺织机械制造等行业,是一个门类齐全的工业部门。根据《国民经济行业分类》(GB/T 4754—2017),与纺织工业相关的行业主要包括:17 纺织业、18 纺织服装、服饰业和 28 化学纤维制造业。纺织工业在我国是一个劳动密集程度高和对外依存度较大的工业,也是我国国民经济的传统支柱产业和重要的民生产业,在促进国民经济发展、市场繁荣、吸纳就业、增加国民收入、加快城镇化进程、促进社会和谐发展等方面发挥着重要的作用。

我国纺织工业产业链上下游关联度较大（图1-2）。纺织业上游原材料包括棉花、蚕茧丝、羊毛、化学纤维等，涉及行业包括农业种植、畜牧养殖及化工等相关行业。中游则主要为纺织工业的加工和制造环节包括纺纱、织造、印染和成品加工等相关环节。下游则主要为纺织服装、服饰业包括服装业、家用纺织品和产业用纺织品等。受对外贸易、产业配套设施等因素的影响，纺织产业链中游企业大多集中在浙江、江苏、广东、福建和山东等东部和南部沿海城市。相对来说，浙江省、江苏省的企业对纺织产业链的覆盖范围更广。

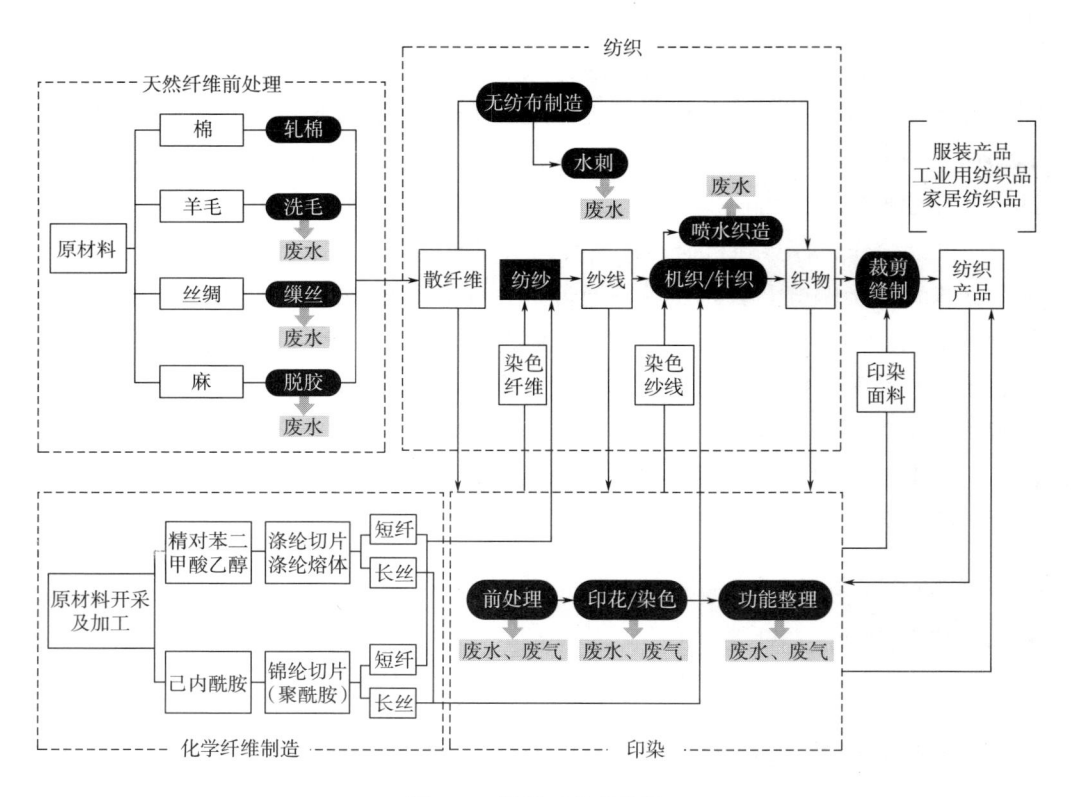

图1-2 纺织工业产业链

经过长期的发展，我国成为世界纺织产业规模最大的国家，也是产业链最完整、门类最齐全、产业规模最大的国家。棉花、羊毛、蚕丝、化学纤维等都是纺织品的主要原料。棉花作为世界上最主要的农作物之一，产量大，生产成本低，主要用于纺织工业，少量应用于医药、化工等其他行业。用在纺织工业中的棉纤维，其能制成多种规格的织物，从轻盈透明的巴里纱到厚实的帆布和厚平绒，适于制作各类衣服、家具布和工业用布。对于以棉为原材料的纺织企业来说，原料产地的分布和纺织企业的分布地有较大的区别。2020 年，我国棉花产量 591.05 万吨，其中 516.1 万吨产自新疆。而我国的纺织企业大多分布在具有很大消费市场、交通便利和水资源丰富的东部及南部沿海地区（图 1-3、图 1-4）。

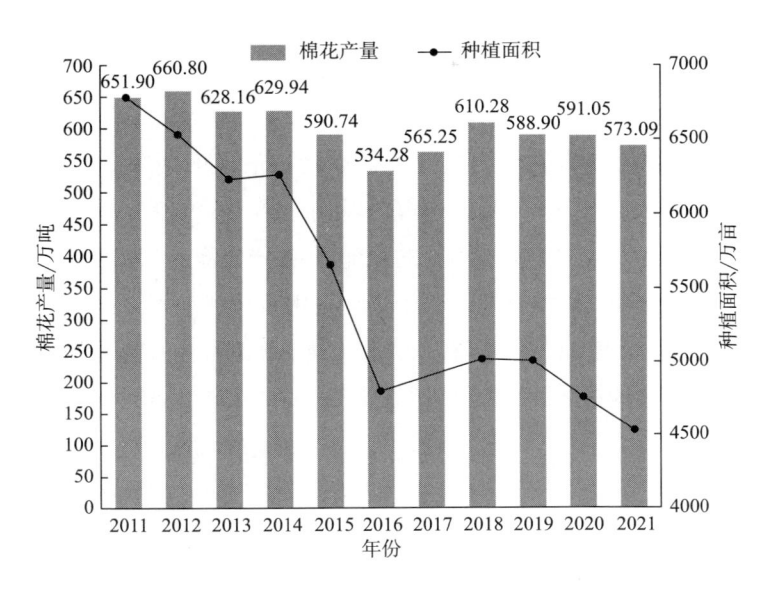

图 1-3　2011～2021 年全国棉花产量情况
（数据来源：国家统计局，中国棉花协会）

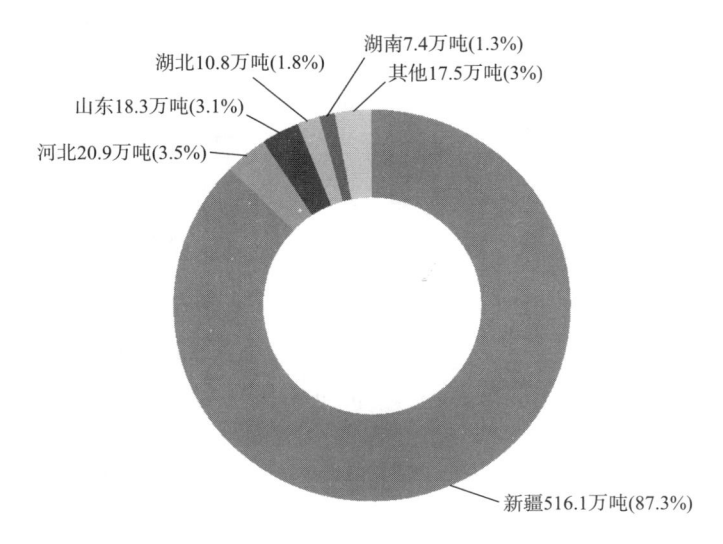

图 1-4　2020 年我国各地区棉花产量情况
（数据来源：国家统计局）

从产业链来看，化纤行业的上游为提炼煤炭、石油等石化行业和木浆、甘蔗浆等浆粕行业，为化学纤维的生产提供不同的原材料。而化纤行业的下游则主要对应纺织业，除此之外，还包括生命科学、航空航天等诸多应用领域。近年来，我国化纤工业发展迅速，已成为世界上最大的化纤生产国、进口国和使用国。化学纤维已成为纺织工业主要的原材料之一。而涤纶作为主要的化纤产品，在化纤行业中占据重要地位，近年来全国化学纤维产量如图1-5所示。我国涤纶行业经过二十多年的高速发展，现已成为世界上涤纶产量最大的国家。2016~2020年我国涤纶产量增长稳定，2020年末，我国涤纶行业产量4922.75万吨，比上一年增加171.75万吨（表1-2）。此外，我国的涤纶产品分为涤纶短纤和涤纶长丝。涤纶长丝是化学纤维中的第一大品种，涤纶长丝应用较广，占聚酯纤维产量的比重较大，如图1-6所示，2021年中国涤纶行业产量5363万吨，其中涤纶长丝的产量为4286万吨，而涤纶短纤的产量为1077万吨。

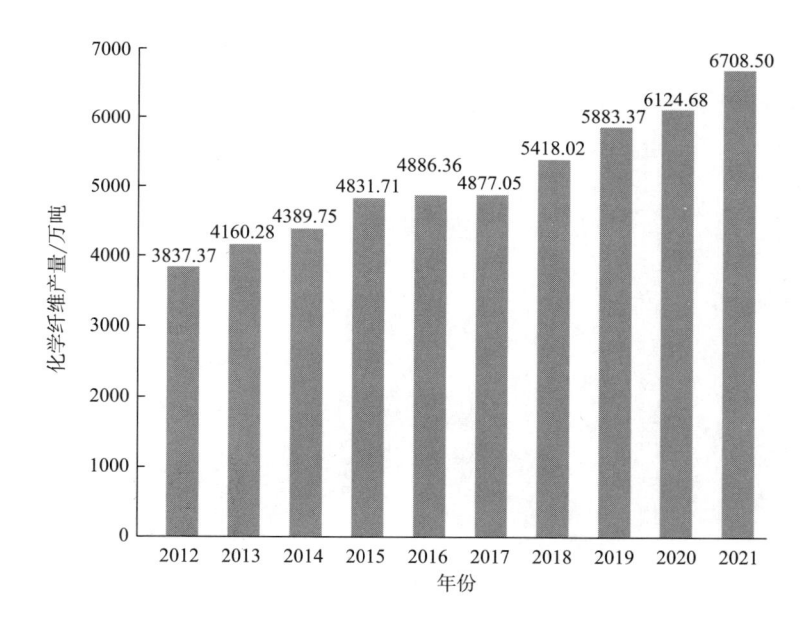

图1-5　2012~2021年全国化学纤维产量情况
（数据来源：国家统计局）

表1-2　2012~2020年我国主要化纤产品产量　　　　　　　　单位：万吨

年份	涤纶	黏胶纤维	锦纶	氨纶
2012	3132.64	266.58	187.91	30.61

续表

年份	涤纶	黏胶纤维	锦纶	氨纶
2013	3340.64	314.48	211.28	38.97
2014	3565.80	328.77	259.16	49.30
2015	3917.98	336.03	287.28	51.2
2016	3752.63	367.62	305.91	53.29
2017	3934.26	380.99	332.92	55.11
2018	4014.87	395.33	330.37	68.30
2019	4751	412.40	350.00	72.70
2020	4922.75	395.47	384.25	83.20
2021	5363	—	—	—

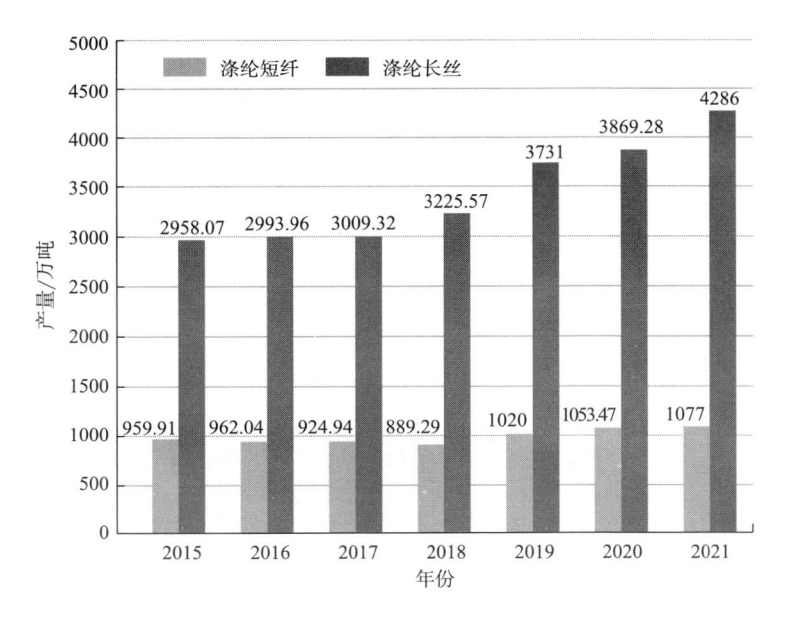

图 1-6 2015～2021 年涤纶短纤和长丝的产量变化
（数据来源：中国化学纤维工业协会）

自 2001 年中国加入世界贸易组织以来，特别是 2005 年取消配额后，中国纺织品、服装出口额迅速上涨，到 2019 年分别上涨到 1200 亿美元、1520 亿美元，占世界的比重也在不断加大，从 2000 年的 10.4%、18.2% 迅速攀升至 2019 年的 39.2% 和 30.8%（表 1-3、表 1-4）。

表 1-3　2019 年全球纺织品出口贸易额

国家及地区	中国大陆	欧盟	印度	美国	土耳其	韩国	越南	中国台湾	巴基斯坦	中国香港
出口额/十亿美元	120	66	17	13	12	9	9	9	7	6

注　表中数据来源于世界贸易组织。

表 1-4　2019 年全球服装出口贸易额

国家及地区	中国内地	欧盟	孟加拉国	越南	印度	土耳其	中国香港	英国	印度尼西亚	柬埔寨
进口额/十亿美元	152	136	34	31	17	16	12	9	9	9

注　表中数据来源于世界贸易组织。

中国是传统的纺织出口大国，近年来出口比重也在逐年增加。根据中国商务部数据，2017 年中国服装出口额为 2669.5 亿美元，较 2016 年同期增长 1.53%。纺织品服装出口到"一带一路"沿线国家和地区的份额达到了 33.36%，远超主要传统贸易国家美国和日本的出口量。2018 年中国纺织品服装出口超过 2800 亿美元。同年，中国占全球纺织品出口总额的 37.6%，占全球服装出口总额的 31.3%。2019 年上半年，欧盟自中国进口的纺织品占总进口比重的 37%，服装占 27%；美国自中国进口的纺织品占总进口比重的 43%，服装占 28%；日本自中国进口的纺织品占总进口比重的 52%，服装占 55%。

除了进出口贸易逐年增长外，中国纺织服装业的对外投资也呈增长趋势，中国劳动力等成本的不断上升以及中国与东南亚国家之间出口税负的差异促使越来越多的中国纺织服装企业向东南亚等成本较低的国家投资。据中国纺织工业联合会数据统计，2016 年中国纺织服装业的对外直接投资达 26.6 亿美元，同比增长 89.3%。

近年来，中国纺织业发展势头良好，分别体现在原材料市场、纺织内需、行业技术这三方面。我国纺织原材料市场的规模逐渐扩大，为未来纺织业的发展打下了好的基础。棉花作为我国纺织业重要原材料，其波动能够直接影响我国纺织业发展，而在政府的推动支持下，我国新疆棉迅速崛起，2018 年其产量就达到 511.1 万吨，占全国棉花总量的 83.8%；我国经济的稳定增长使国内生活水平提高，人们对服装消费支出不断增多，拉动我国内需，推动纺织行业规模的扩大；随着互联网和大数据的应用与发展，我国纺织工业在产品生产、销售渠道、产品研发等方面都取得了显著的进步，为中国纺织业发展提供了充足动力。但与此同时我国纺织业发展也面临着严峻的挑战：劳动力成本、环保支出上升；纺织行业整体创新能力不足，技术水平低；经济增长缓慢，外部环境不稳定。

1.3 "一带一路"沿线国家和地区纺织工业概况

1.3.1 东南亚

1.3.1.1 越南

纺织服装行业是越南的支柱产业和重要的民生产业。根据越南纺织品服装协会发布的数据（图1-7），截至2018年，越南共有纺织服装企业近7000家，有280万从业人员，约占据越南工业部门劳动力总数的25%，对维护当地社会稳定发挥了重要作用。纺织服装行业同时也是越南最大的出口产业，是越南出口创汇和外贸顺差的重要来源。2012～2018年，越南纺织服装行业出口额呈上升趋势，短短6年时间，纺织服装出口额增长一倍多。2018年，越南纺织品服装出口总额达362亿美元，同比增长了16.01%，从全球纺织服装出口额的第4位跃升至第3位，仅次于中国和印度。

从产业结构来看，越南纺织服装产业上下游产业链发展尚不完善，纺织原料、坯布生产以及印染加工环节相对薄弱。据越南纺织品服装协会发布的数据显示，其服装行业企业数量占据整个纺织服装行业企业总数的70%，是越南纺织产业的

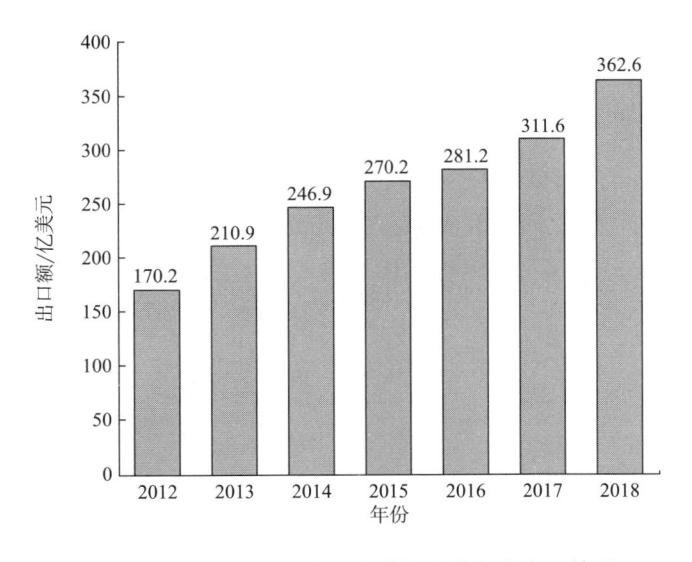

图1-7　2012～2018年越南纺织服装行业出口情况

主要组成部分。从企业性质来看，越南约有 7000 家纺织和服装制造企业，其中私营及合资企业占 84%，外商直接投资企业占 15%，国有企业仅占 1%（图 1-8）。

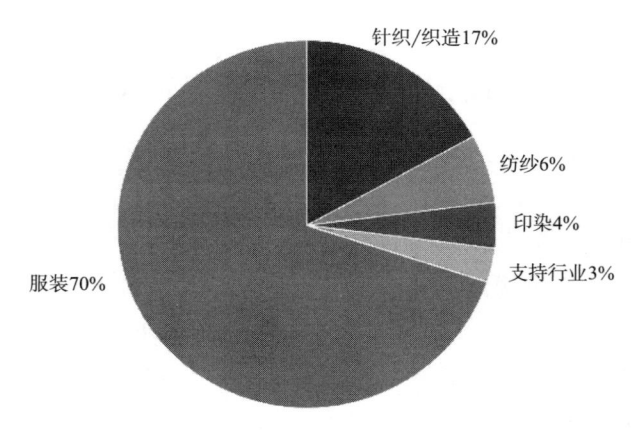

(a) 纺织各环节企业数量

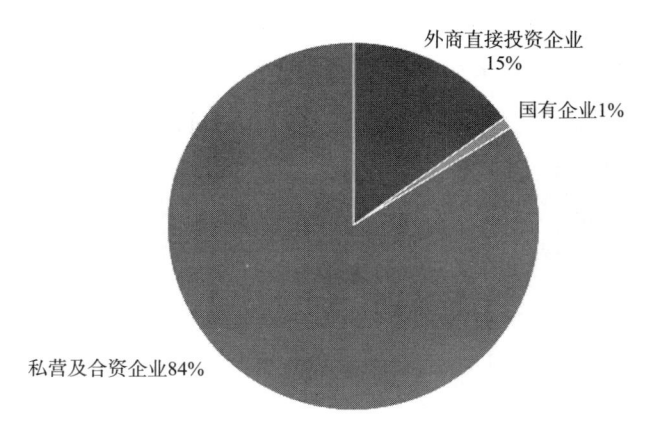

(b) 企业性质

图 1-8 越南纺织服装行业情况

近年来，越南纺织服装行业的进出口量不断增加，目前越南生产的纺织服装产品已出口至全球 180 多个国家和地区，主要出口市场为美国、欧盟、中国、日本和韩国（图 1-9）。2018 年，出口到上述 5 个地区的纺织服装产品金额占全行业出口总额的 83%。其中，对韩国市场的出口增长将近 30%，从 2017 年的 26.4 亿美元上涨到 34 亿美元。此外越南纺织服装在中国、俄罗斯和柬埔寨等其他市场也取得突破，特别是对中国的出口额，2018 年同比增长近 40%。进口方面，中国是越南纺织服装行业的主要进口国。2018 年，越南进口的纺织服装产品总额为

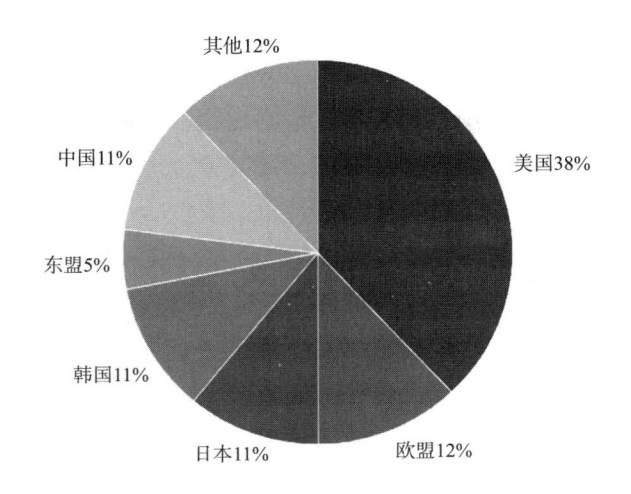

图 1-9　2018 年越南纺织服装出口市场情况

218.97 亿美元，其中，自中国进口的产品共计 117.4 亿美元，是排名第 2 位的韩国的 3 倍多。

1.3.1.2　印度尼西亚

印度尼西亚纺织服装行业是国家支柱性产业，根据《国家工业发展总体规划 2015—2035》，纺织服装行业是 2015 年第 14 号条例规定的印度尼西亚总体规划十大优先产业之一。印度尼西亚纺织业优势在于其国内具有相对丰富的天然气与石油资源，化纤产业比较发达，纱织品及服装制品在世界市场上具有一定的竞争力。但由于印度尼西亚不产棉花，其所需的棉纱及棉布主要依靠进口。

印度尼西亚纺织业拥有近 200 万从业人员、年出口额约 120 亿美元，产值及就业规模一直位居该国制造业之首。纵观其产业发展史，也是历经波折，从 20 世纪 60 年代后期开始，印度尼西亚政府大力支持纺织服装业的发展，但从 1997 年东南亚金融风暴和 1998 年大暴动后，许多印度尼西亚本土制造商已停止投资。2015 年印度尼西亚经济增长放缓对纺织业产生的冲击接连不断。从 2017 年开始，产业显露复苏迹象，2017 年纺织服装出口额达到 124 亿美元，其中服装出口约 75 亿美元。

印度尼西亚现有各类纺织服装企业约 4.6 万家，年产值约 130 亿美元，主要分布在万隆市、西爪哇省及雅加达市。其中，万隆市是印度尼西亚纺织服装业最集中的城市，其服装年产值占该国的 40% 以上，并有不少来自中国和日本的外资企业在此投资设厂。印度尼西亚凭借丰富的劳动力资源，逐渐将劳动密集型的纺织服装产业发展壮大，目前已形成完整的产业供应链，产品遍销世界各地。

1.3.2 南亚

1.3.2.1 孟加拉国

孟加拉国以出口为导向的工业化主要集中在纺织服装，特别是成衣制造。服装业是孟加拉国创汇额最大的产业，也是孟加拉国的支柱产业，约有500万从业人员，其中女性从业人员超过80%。2016~2017财年，孟加拉国成衣出口额281.5亿美元，占孟加拉国出口总额的80%以上。目前，孟加拉国是全球牛仔服装的主要生产国，年产量约为2亿件，占欧洲市场份额为27%，已超过中国。

与此同时，处于纺织行业中上游的纺纱、织布及印染等环节在孟加拉国发展较弱。据孟加拉国服装制造和出口商协会（BGMEA）统计，目前孟加拉国拥有394家纺纱厂，但大部分工厂技术落后，设备陈旧，需要立即更换设备，提升生产工艺水平。孟加拉国拥有350多家大中型织布厂和1000多家小型织布厂，拥有4万多台织布机，但这些织布机中，只有约1/4的织布机为无梭织机。

1.3.2.2 巴基斯坦

纺织服装行业是巴基斯坦的支柱性产业，在其国民经济发展中占有举足轻重的地位。巴基斯坦纺织工业在国内生产总值中占8.5%，全国纺织业雇用了1500万人，占制造业就业的38%。此外，巴基斯坦是世界第四大棉花生产国，纺织工业间接影响农业就业人口。总的来说，巴基斯坦纺织工业具有以下优势和特点：巴基斯坦在原棉、纱线和坯布的生产上居世界第四位；世界纱布出口排名第二和第三；其纺纱行业优势较为明显，纺纱设备主要来源于瑞士、日本和德国；具有强大的织造能力，有喷气、喷水和剑杆织机23000台；有较好的印染后处理工艺，可进行窄宽幅的坯布处理；良好的针织生产能力，配有现代针织设备；大量低廉的就业者和广阔的市场前景；生产经营有较多的优惠政策；大量可用的纺织品配额。

纺织企业由从事纺纱、织布、加工和后整理、针织及服装、成衣等不同类型业务的企业所组成。目前，巴基斯坦大约拥有450家纺织企业，其中约50家是承担多种类型业务的多功能纺织企业，另有员工人数在100人以上的300多家针织和机织生产企业，此外还有数千家小型纺织厂从事各种纺织品的生产，见表1-5、表1-6。巴基斯坦丰富的纺织配套资源，有利于其全产业链的建设。

表1-5 巴基斯坦大型纺织企业数量及产能

种类	大型纺纱厂	大型纺纱联合企业	独立机织企业	纺纱后处理	服装生产企业
数量/家	444	50	140	106	600
年产能/亿公斤	18.18	5.77	—	—	—

表 1-6 巴基斯坦小型纺织企业数量及产能

种类	数量	年产能
独立机织企业	425 家	—
织布企业	20600 家	48.97 亿平方米
后处理企业	625 家	46 亿平方米
毛巾生产企业	400 家	5500 万公斤
帆布生产	2000 台	3500 万公斤
服装生产	4500 家	6.85 亿件
针织衣物生产	700 家	5.5 亿件

巴基斯坦纺织出口形势不容乐观，据当地新闻报道，2015 年 7 月～2016 年 6 月由于其国内棉花产量降低，巴基斯坦纺织品出口下降了 7.4%。数据显示，2014 年巴基斯坦纺织品出口额为 1 亿美元，比上一财年削减了近 10 亿美元，下降 7.4%。纺织品出口在 6 月份只有 9.9 亿美元，下降了 8.3%。棉纱出口额从 18.8 亿美元下降至 12.6 亿美元，下降 31.77%。坯布出口额从 24.5 亿美元下降到 21.1 亿美元，下跌 9.71%。除棉纱线外，其他混纺纱线出口额也下降了 23.5%。

近年来，为了巴基斯坦纺织工业能够提高纺织品出口量、稳定出口产品质量，当地政府提供各种形式的补贴已达 50 亿美元。巴基斯坦十分依赖欧洲和美国市场，其向欧美出口量占总量的大部分，对国际市场波动极为敏感。同时，巴基斯坦国内市场的需求巨大，是一个很大的潜在市场，但由于本国发展不足，内销仅占 20%。

1.3.2.3 印度

纺织业是印度最古老的产业之一，它是印度主要出口产品之一。纺织服装占印度 GDP 总量的 2%，约占制造业总量的 10%，占工业生产总指数（IIP）的 14%。2016 年 11 月，印度政府为刺激工业增长调整了政策。2017 年初，通过商品服务税法（GST）。2018 年，印度的 GST 增税效果逐渐显现。

在过去，印度纺织业特色主要是乡村手工纺织业，而今天，印度各地的纺织工业正在形成以都市为中心的纺织集群。新纤维新技术逐渐本土化研发，在计算机自动化、机械电器、相关染料化工、电子网络领域也在实现自主开发。为顺应客户需求，事实上印度正在重塑该国的纺织工业，以顺应趋势和需求。印度的创新潮此起彼伏，为纺织工业增添了无穷生机。将工业自动化和人工智能引入纺织工业，这一趋势促使印度向自动化生产、自动化监控、自动化分析、自动收集数据并解决问题方向发展，向无人工厂迈进。许多公司生产已实现了"只需按一个按钮"，全厂就启动了生产的自动化监控生产目的。而自动化生产出现问题，也能用软件修复和解决，或交给设备供应商解决。

印度纺织工业的增长势如破竹。印度纺织业在未来5年内将从1200亿美元增长至2500亿美元。这实际上代表着印度的相关产业拥有巨大的增量潜力。印度已成为全球纱线产量最大和最重要的供应国之一。为了满足国内对高品质纱线的需求，维护纺织工业的可持续性发展，改善雇佣关系，顺应国际需求，印度在纺纱业领域的投入正在加速。印度不仅在纺纱，在织布和纺织加工，如涂层、印染领域也在突飞猛进。

2007～2016年印度纺织服装出口额始终占据全球第三的位置，其中印度纺织服装出口占世界市场的份额持续增长，由2008年的3.18%到2016年的5.36%。从出口额的增长率来看，在2008年全球金融危机的影响下，印度纺织服装出口额为226.11亿美元，比上年增长4.64%。在经历2008年的危机后，印度不能及时从危机中抽离，在2009年出现了-14.46%的增长率。2010年，随着世界经济形势的好转以及各国经济的逐渐恢复，印度的纺织服装出口额随之实现了15%的增长。在2011年，印度的纺织服装出口额增速为17.66%，为近十年增速最快的一年。由于最近几年印度国内劳动力成本等的上升，使得印度纺织服装出口增长率处于负数，并在2016年出口额达到354.29亿美元。

最近几年，由于政府的支持以及自身纺织技术的提升，印度的纺织服装业取得了蓬勃发展，同时丰富了纺织服装产品的种类，其出口市场也随纺织服装出口结构的变化而改变。2005年，印度纺织服装出口目标市场主要集中美国等发达国家。如今，印度的纺织服装不仅出口到发达国家，也出口到中国、巴基斯坦等发展中国家。

2016年，印度纺织服装出口国的前五位：美国、阿拉伯酋长国、英国、孟加拉国和德国。这五个国家的出口额占印度纺织服装出口总额213亿美元的50.1%。其中，美国占比21.3%、阿拉伯酋长国占比12.3%、英国占比6.30%、孟加拉国占比5.42%、德国占比4.81%。在出口额的增长上，和2005年相比，印度对以上五国的出口额分别增长的比例如下：美国（3.8%）、阿拉伯联合酋长国（69.7%）、英国（23.1%）和德国（52.1%）。由此可见，印度出口的市场更为广泛。综合分析，中国和印度两个国家的纺织服装出口市场很相似，主要为美国等发达国家。

1.3.3 中西亚

1.3.3.1 中亚五国

中亚国家主产棉花，有着很强的纺织原料生产能力，但其纺织工业处于相对落后的状态。苏联解体后，中亚五国的纺织工业遭到了破坏，原料生产也受到了打击，但棉花仍然是其主要的农作物。表1-7为美国农业部统计的2017年以来中亚国家的棉花种植面积及产量，其中，吉尔吉斯斯坦的棉花产量相对较少，统计报告中未涉及。

表1-7 中亚国家棉花面积、单产和产量数据

项目	年度	哈萨克斯坦	乌兹别克斯坦	塔吉克斯坦	土库曼斯坦	世界
种植面积/万公顷	2017/2018	13	125	19	55	3373
	2018/2019	13	110	18	55	3354
	2019/2020	12	105	18	55	3487
每公顷产量/千克	2017/2018	523	672	671	535	799
	2018/2019	587	648	502	364	767
	2019/2020	670	726	532	399	756
产量/万吨	2017/2018	6.53	84.03	12.41	29.17	2694.69
	2018/2019	7.62	71.41	9.14	19.81	2571.04
	2019/2020	7.84	76.20	9.58	21.77	2636.56

注 表中数据截至2019年12月。

美国农业部的报告显示，2017～2020年中亚国家棉花种植面积小，各国棉花种植面积呈平稳或逐年下降的趋势。截至2019年12月，中亚国家整体棉花种植面积约占全球棉花总种植面积的5.45%。乌兹别克斯坦是中亚地区棉花种植面积最大的国家，土库曼斯坦次之，再次为塔吉克斯坦，哈萨克斯坦的棉花种植面积最小。其中，乌兹别克斯坦棉花种植面积的缩减比例最大。就棉花单产而言，中亚国家整体水平较低，2019～2020年度世界棉花平均单产水平为756kg/m^2，而中亚地区棉花单产最高的乌兹别克斯坦也未达到该水平。中亚地区棉花单产量整体呈下降趋势，这与世界整体趋势一致。

表1-8为由世界银行统计的中亚地区纺织品与服装产业增加值占制造业总增加值的比例。该统计中，乌兹别克斯坦和土库曼斯坦的数据空缺。由表可知，2010～2016年哈萨克斯坦纺织品与服装产业增加值占制造业总增加值的比例基本保持在1%，表明其纺织品与服装产业发展较稳定，但对整个制造业的贡献不大。2012～2013年，吉尔吉斯斯坦纺织服装业发展迅猛，随后下降并趋于平缓。此外，中亚国家纺织服装业数据总体上仍严重缺失，2017～2018年的数据断档，这一方面是因为中亚国家纺织业信息闭塞，市场规范性不强，难以知晓其发展情况；另一方面是因为其纺织行业薄弱，尚不具规模。

表1-8 2010~2016年中亚地区纺织品与服装产业增加值占制造业总增加值比例（%）

国家	2010年	2011年	2012年	2013年	2014年	2015年	2016年
哈萨克斯坦	1.10	0.9	1.01	0.92	0.90	0.94	0.94
吉尔吉斯斯坦	4.10	4.54	7.30	7.30	3.84	3.71	3.71

乌兹别克斯坦是世界上第五大棉花出口国和第七大生产国，棉花是其支柱产业之一。乌兹别克斯坦棉花质量上乘，棉花种植棉历史悠久，棉花资源丰富，是中亚地区最大的棉区。虽然乌兹别克斯坦棉花出口量大，但因其加工能力不足，其纺织成品量少。

哈萨克斯坦和塔吉克斯坦棉花种植面积接近，产量也相差不大，但哈萨克斯坦的经济支柱产业是碳氢化合物和矿产资源，并不过分依赖棉花种植和纺织业。哈萨克斯坦目前主要是纺织原材料的输出，对于纺织制成品的输出几乎为零，国内纺织品紧缺，无法满足国内需求，其90%的纺织品依赖进口。

塔吉克斯坦位于中亚的东南部，是最早响应"一带一路"倡议的国家之一。塔吉克斯坦大部分耕地用于种植棉花，约90%的棉花出口到纺织加工工业发达的国家。尽管塔吉克斯坦棉花的产量高，但由于其纺织业发展不足，纺织品生产严重短缺。

土库曼斯坦是一个沙漠国家，天然气和石油资源丰富，棉花和小麦是其主要农作物。近年来，纺织业成为土库曼斯坦经济优先发展方向之一。1991~2016年，加工棉织品所占比重逐年提高，从3%上升到51%。此外，土库曼斯坦建立了许多大型纺织综合体，这为土库曼斯坦提供了一个从棉花加工到成品生产的相对完整的纺织工业体系。

吉尔吉斯斯坦的纺织业在20世纪30年代开始发展，在该国加入世界贸易组织后，本土生产的纺织品受到国外市场的强烈打击，纺织业发展逐渐落后，此外，吉尔吉斯斯坦多数纺织企业的生产技术落后，设备磨损严重，甚至一些纺织企业处于停工或破产的状态，严重影响了本国纺织行业的发展。

1.3.3.2 土耳其

土耳其于1933年建立了以生产多种纺织品为主业的国有公司Sumerbank，1933年后大多数纺织与服装相关的小生产商加入Sumerbank体系。Sumerbank通过投资与职业教育带动了纺织服装行业的发展。1923~1962年，纺织和服装生产能力逐年增长，尤其在库罗瓦地区生产的棉花，对当时土耳其以棉为基础的纺织工业起着重要的支撑作用。1962~1972年土耳其政府推行重要的替代政策以扶植本国工业。在第一个发展阶段私人企业得到加强。1972年第一个纺织工业协会在布尔萨成立。同年土耳其第一次变成了一个纺织品净出口国家。1980～1989年，出口导向型政策进一步提高了土耳其纺织制品在国际市场所占的份额。截至1990年，纺织品制品在土耳其出口中已达到9.3%。现今年出口额已达54亿美元的纺织工业已成为土耳其经济最重要的组成部分之一。由于与欧盟达成了关税协议，从1990年开始土耳其的纺织工业产能持续增长。土耳其纺织企业每年会把其利润的较大额度用于购置设备上，截至2008年土耳其已拥有世界上7.3%的气流纺、5%的长纤维纺纱和5.1%的毛纺织的能力。土耳其纺织工业最重要的转折点发生在1995年世界贸易组织的《纺织品和服装协议》，要求在2005年以后取消《多纤维协定》与所有贸易壁垒，这意味着中国作为竞争对手直接出现在国际纺织市场舞台上。土耳其的纺织工业虽然在历史上获得了巨大成功，但其纺织工业需要调整结构，不断提高竞争力。

土耳其有着横跨亚欧大陆的地理优势，与欧洲许多发达国家联系紧密。但其能源缺乏，例如石油与天然气，需要进口70%的能源以满足需求。能源的依赖困扰着土耳其的纺织和服装工业的发展，能源成本是重要的组成部分。此外，由于土耳其靠近中东地区，不安定的局势也影响其工业的发展。

如今土耳其有超过7500家的纺织企业，多属于中小企业，土耳其主要出口地区为欧盟，约占其出口的49%，土耳其纺织品出口国家占比见表1-9。

表1-9　土耳其纺织品出口国家占比

国家	占土耳其纺织品出口比重/%
俄罗斯	15.0
意大利	9.7
德国	6.1
罗马尼亚	4.6
波兰	4.3
伊朗	4.1
保加利亚	3.8
英国	3.2
埃及	2.9
美国	2.9
其他	43.4

1.3.4 非洲

1.3.4.1 埃及

埃及拥有非洲最大的棉花和纺织工业集群，基本具备产业链各环节，下游服装加工能力相对较强，但上游纺织及印染环节较弱，生产服装用的面辅料需要大量进口。作为埃及重要的传统支柱产业，目前埃及纺织业年产值约12亿美元，约占全国工业总产值的16%。埃及服装制造业发展较快，其中私人企业占90%。埃及纺织服装平均年出口额约2亿美元，其中棉制品出口的60%销往欧盟，成衣出口的50%销往美国，30%销往欧盟。同时，埃及纺织服装业在解决就业问题上发挥了重要作用，为社会提供了100多万个直接就业机会，如棉花种植、销售和服务领域提供了100多万个非直接就业机会。

根据联合国数据，2018年，埃及纺织品服装出口总额为31.9亿美元，在全球111个国家和地区中位列第29名；进口总额为43.8亿美元，在全球111个国家和地区中位列第31名。其主要出口市场是美国、土耳其、欧盟和阿拉伯国家，2018年埃及对美国和土耳其的纺织品服装出口分别占埃及相关产品出口总额的30%和13%。埃及纺织品服装主要来源国是中国、土耳其和印度，分别占埃及进口总额的48%、13%和9%。服装、棉纺织产品和地毯制品是埃及纺织服装业最主要的出口产品，占行业出口总额的3/4。化纤面料、棉纺织产品是埃及纺织服装业最主要的进口产品，合计占行业进口总额的75.6%。

在整个环欧洲—地中海区域，埃及纺织行业的地位十分重要，名列第二，仅次于土耳其。从区域经济利益出发，为了整合欧洲与地中海纺织、服装行业，欧盟决定在2005～2008年的三年间向埃及纺织行业提供8000万欧元的资金支持，用来改善和提高该行业从业人员及生产设备的整体水平，实现产业结构合理调整，最大限度地发挥和利用埃及的纺织资源优势，提高埃及纺织业对投资商的吸引力，帮助埃及纺织企业实现从公有制到私有制的转化，从而促进埃及纺织业的更新和发展。

目前埃及已形成三个纺织产业集群：一是以苏伊士运河城市塞得港和伊斯梅利亚为中心的运河地区，主要生产棉织物。该地区依托苏伊士运河集装箱码头，货运经由地中海到达欧洲，以及经由红海运至亚洲较为便利。二是地处地中海海港的亚历山大地区，目前已有多家成衣企业在此建厂，各个港口可为出口提供便利。三是首都所在的大开罗地区，区内云集了埃及各地纺织企业或机构的办事处。此外，埃及政府正在兴建纺织服装工业区，主要从苏伊士运河经济区开始推动，之后会向埃及南部地区发展。目前埃及南部地区已规划的三个工业区分别位于明亚省、艾斯尤特省和索哈杰省，其中"明亚纺织城"项目2017年正式开始国际招标。纺织服装业是当前埃及政府认定的工业和外贸发展五大战略产业之一，也是吸引外资的重点产业。

目前在埃及投资的纺织企业主要以土耳其为主，有70余家土耳其纺织公司在埃及设厂。中国纺织企业近年来开始关注埃及市场，一些企业已开始实施投资计划或有明确的投资意向。埃及政府提出"纺织业发展愿景2025"，计划以优惠政策吸引海外投资，创造100万个就业机会，将出口额规模增加至100亿美元。

1.3.4.2 埃塞俄比亚

埃塞俄比亚纺织服装业发展起步较晚，产业规模不大，以中小企业为主，总数百余家。根据统计数据，2017年埃塞俄比亚纺织品服装出口总额在1亿美元左右，其中纺织品出口额为3000万美元，服装出口额约7000万美元，主要一半以上产品出口至欧盟和美国市场。2017年，埃塞俄比亚纺织品服装进口额为6.2亿美元，中国是埃塞俄比亚第一大纺织品服装进口来源地，占埃塞俄比亚纺织品服装进口额的比重已超过75%，主要进口产品为化纤长丝、面料及服装。

纺织服装业是埃塞俄比亚政府在引进外资、促进出口及整体产业发展规划的重中之重。得益于埃塞俄比亚政府通过建设工业园以加快推动工业化转型的发展战略，纺织服装企业集聚在首都亚的斯亚贝巴周边地区的工业园内，初步形成了当前纺织服装产业链的总体分布。其中服装加工是埃塞俄比亚纺织产业链最重要的环节，也是外商投资企业集中度较高的环节，此外还有部分纺纱、织造及少量印染项目。埃塞具有出产棉花资源的潜力，但目前开发度不足10%。服装出口加工企业支持着埃塞服装出口规模的加速增长，而企业所需面辅料基本依赖进口，制造周期较长，难以满足要求严格的快速反应订单。

近年来，埃塞俄比亚服装、纱线、纺织面料以及文化服饰出口规模不断扩大，吸引外资能力大幅提升，一些国际纺织服装品牌以及无锡一棉纺织集团有限公司、江苏阳光集团有限公司等中资龙头企业均已入驻，正在努力推进纺织垂直产业链的发展。埃塞俄比亚投资机构数据显示，目前登记在案的国际纺织投资项目已超过65个，其中约50%由中国企业独资或部分出资建立。埃塞俄比亚政府致力于通过实施各项优惠政策，将埃塞俄比亚打造成全球纺织和服务业的新兴市场生产中心和贴牌加工（OEM）制造商集聚的区域性中心。埃塞俄比亚政府希望未来10~15年可以实现纺织服装出口额300亿美元的目标，并解决大量就业。

1.3.5 南美洲

巴西是南美洲最大的国家，纺织工业起步于20世纪初，是传统的工业之一，是世界主要的纺织服装生产国，也是世界棉花生产大国。依托棉花资源优势，巴西棉纺行业较发达。巴西纺织品消费呈现出多元化发展的特点和趋势，棉、麻、丝等天然纤维织物备受市场欢迎。作为全球第二大棉花出口国，巴西纺织产业链多为原棉出口，2020~2021年度，由于棉花价格上涨，巴西棉花出口额暴涨70%以上，尽管总出口盈余达到200万吨的历史最高水平，但国内棉花使用量大幅缩减，只有实际产量的1/5。

巴西棉花出口商协会预计，虽然2021~2022年度出口量有所下降，但基于旺盛的出口需求，2022~2023年度巴西的棉花出口量有望恢复，而且产量有望回升到285万吨。不过，由于疫情原因，中国的港口物流或将受到影响，给巴西棉花出口带来一些不利影响。据该协会统计，2021年巴西棉花的最大买家是中国，占比30.2%，其次是越南、土耳其、巴基斯坦和孟加拉国。自2018年6月以来，中国企业大幅减少了美国棉花订单，巴西取代中国成为美国棉花出口的最大目的地。

从表1-10、表1-11可以看出，巴西的纺织服装主要出口到阿根廷、巴拉圭、美国、哥伦比亚、乌拉圭等国家和地区，进口主要来自中国、印度、巴拉圭、越南、印度尼西亚等国家和地区。其中我国是巴西第一大贸易伙伴，无论是辅料、面料，还是服装，我国都是巴西纺织品的第一进口来源国。巴西进口我国辅料、面料占比为10%~50%，进口我国服装占比为55%~65%。

表1-10 巴西与主要国家和地区的纺织品服装对外贸易的进口额

国家和地区	中国大陆	印度	巴拉圭	越南	印度尼西亚	美国	孟加拉国	土耳其	以色列	中国台湾
进口额/百万美元	2713.2	448.3	238.1	147.9	162.6	148.4	111.5	106.5	73.5	73.4

表1-11 巴西与主要国家和地区纺织品服装对外贸易的出口额

国家和地区	阿根廷	巴拉圭	美国	哥伦比亚	乌拉圭	秘鲁	智利	墨西哥	中国	厄瓜多尔
出口额/百万美元	254.2	117.6	84.3	80.1	74	54.2	52.5	44.6	39.6	30.4

1.4 碳中和背景下纺织工业的可持续转型

1.4.1 碳中和背景

在过去的时间里，人类以前所未有的速度影响环境，世界环境问题凸显。其中给人类最直观感受的环境问题为全球气候变暖，气候变化已影响到了全球各地，并伴随着一系列天气、气候的极端变化。而导致气候变暖的最主要原因是人类活动的碳排放。

为了抑制全球持续变暖，1997年，149个国家和地区的代表通过了旨在限制发达国家温室气体排放量的《京都议定书》，这是人类社会第一次正面提出减排承诺。1997年《京都议定书》提出后，美国、欧盟等国家和地区的碳排放开始趋于稳定，这些发达国家将高污染高碳排放的产业转移到发展中国家，减少本国碳排放来保护本国环境。

2015年，全球近200个缔约方就《巴黎协定》达成一致，将全球平均温升保持在相对工业化前（1850年）水平的2%以内，同时提出努力将全球升温限制在工业化前水平以上1.5%之内。2019年，联合国气候行动峰会提出倡议"到2030年，全球二氧化碳排放要在2010年的基础上减少45%，到2050年实现碳中和"。为了抑制全球变暖，保护我们共同的家园，世界各国应共同携手为实现碳中和目标做出努力，立即行动并采取强有力的减排措施（图1-10）。

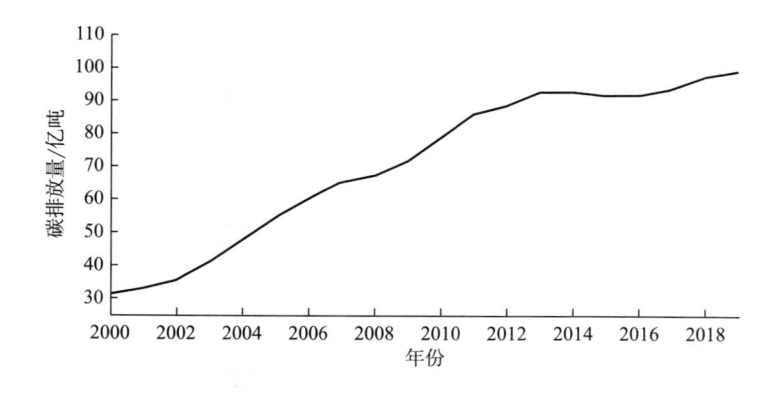

图1-10 2000～2019年中国碳排放总量情况

近几十年来，随着我国经济发展，我国碳排放总量大幅度提升。2010年后，我国开始重视环保与温室气体的排放，碳排放增长趋势有所放缓，但碳排放总量仍较高。我国为了积极应对气候变化，提出了碳达峰、碳中和目标。从 2020 年 9 月 22 日在第七十五届联合国大会发言和 12 月 12 日纪念《巴黎协定》签署五周年在气候雄心峰会发表重要讲话，国家主席习近平两次对外宣布中国积极应对气候变化的新目标，二氧化碳排放力争于 2030 年前达到峰值，努力争取 2060 年前实现碳中和。"双碳"目标的提出描绘了中国未来实现绿色低碳高质量发展的蓝图，表明了我国坚定走绿色发展道路的决心。

碳达峰是指某个地区或行业年温室气体排放量达到历史最高值，然后经历平台期进入持续下降的过程，是温室气体排放量由增转降的历史拐点，标志着碳排放与经济发展实现脱钩。碳中和是指某个地区在一定时间内（一般指一年）人为活动直接或间接排放的温室气体，与其通过植树造林、节能减碳等形式相互抵消、实现温室气体"净零排放"，其核心是温室气体排放量的大幅降低。截至 2019 年全世界已经有 49 个国家的碳排放实现达峰，占全球碳排放总量约 36%。其中欧盟、美国和日本分别在 1990 年、2007 年和 2013 年实现了碳达峰。

我国长期以来是个制造业大国，工业领域是社会经济发展的重要支撑，碳排放支撑经济增长，实现"双碳"目标对我国来说是一个巨大的挑战。我国确定的目标是 2025 年单位国内生产总值二氧化碳排放比 2020 年下降 18%，2030 年单位国内生产总值二氧化碳排放比 2005 年下降 65% 以上，达到峰值。在 2020 年，全球能源碳排放 320 亿吨，中国碳排放 99 亿吨，占全球排放的 31%，如果从 1750 年统计开始统计，中国能源累计碳排放 2100 亿吨，占全球碳排放的 13%。就目前来看，我国"双碳"目标相对于其他世界上的极大经济体而言，任务重、要求高、时间紧。

要想实现"双碳"目标，必须加快我国产业结构优化、能源结构调整、低碳技术发展。我国各大企业也应积极响应国家号召，创新绿色发展道路，节能减排，根据减碳要求来进行调整企业生产过程的设计、制造、物流、服务等各个环节。

1.4.2 纺织工业的可持续发展转型

生态文明建设是关系中华民族永续发展的千年大计，中国力争 2030 年前实现碳达峰、努力争取 2060 年前实现碳中和，这是基于推动构建人类命运共同体的责任担当作出的重大战略决策，对推动纺织行业全面绿色低碳转型和夯实可持续纺织强国建设指明了方向。

据有关资料介绍，2017 年全球纺织业每年排放的温室气体总量达 12 亿吨，占全球总排放量的10%。我国是纺织大国，纺织行业是国民经济与社会发展的支柱产业、是解决民生与美好生活的基础产业、是国际合作与融合发展的优势产业，是我国制造业中处于世界领先水平的5个行业之一。2020年我国纺织纤维加工总量达5800万吨，占全球纤维加工总量的比重保持在50%以上，由此看来我国纺织行业的减碳任务势在必行又任重道远。我国纺织行业减碳工作做好了，不仅是对国家的贡献，还是对世界减碳的贡献。在国家"双碳"目标导向下，纺织行业将继续以"科技、时尚、绿色"为发展定位，坚持创新驱动发展战略，充分发挥科技创新的支撑引领作用，为行业减碳行动提供系统解决方案，为纺织行业全面绿色低碳转型、可持续高质量发展增添动力。

推动绿色低碳循环可持续发展，要加强全产业链清洁化转型，深入推动产品绿色设计，将资源能源节约、循环发展理念贯穿于纺织产品全生命周期过程。中国纺织工业联合会也应发挥作用，利用好绿色发展大会平台，凝聚各方力量，推广绿色理念，加强国际合作，为纺织行业绿色低碳循环发展提供有力支撑，贡献力量。

1.4.2.1 纺织工业持续发展转型的必要性

纺织业作为我国传统优势行业，一直以来凭借着劳动力优势和原材料资源优势占据市场，多数纺织企业都以生产附加值低、同质化程度高的中低档产品为主。但随着几十年的高速发展和人民生活水平的不断提高，中国纺织企业的劳动力成本、能源成本、原料成本持续上涨，原来的竞争优势逐渐减弱，出口利润不断下滑。近年来"双碳"目标的提出、环保政策逐渐趋于严格，我国纺织业发展面临着巨大的挑战。为了实现我国纺织行业的可持续发展，转型升级迫在眉睫。

纺织产业升级转型是顺应保护自然环境和自然资源的要求。我国加入世界贸易组织后，中国纺织工业逐渐参与到国际产业链中来，凭借劳动力和资源优势承接到大量加工制造的海外订单，为我国经济发展做出巨大贡献。但与此同时，伴随环境的严重污染，资源的大量消耗，其中对环境造成的污染主要来源于水污染、固体残余物、能源等方面。据数据显示，2019年规模以上纺织印染企业每年印染纺织品500多亿米，产量占全球的60%。印染过程中产生的废水水量大，有机污染物含量高，对生态环境破坏巨大。统计数据表明，印染加工过程中，每100米纺织物就会产生1.5~3吨废水。而我国印染工业废水排放量占全国工业废水总排量的12%。有数据表明，纺织工业对自然资源和水资源的消耗占全国工业总能耗和水消耗的比重分别为4.3%和8.5%。

目前我国处于制造业转型升级的大趋势，各行各业或主动或被动地都在进行转型，在这种大趋势下，纺织工业如果原地踏步不进行转型升级，那么将无法跟上我国制造业的步伐，无法与其他正在进行或是完成转型升级的产业协调发展，丧失纺织业在新时代的发展机会。

因此，无论从内部环境还是外部环境来说，纺织工业向创新驱动、绿色发展为导向的转型升级，都是必须进行的。这既是主动顺应保护自然环境和自然资源要求的有效措施，又是应对我国经济结构转型与产业结构升级的迫切需要。

1.4.2.2 纺织工业的可持续发展转型路径

我国的纺织工业转型既是维护生态环境的必然要求，又是产业结构升级的客观需求。我国纺织工业经过了几十年的粗放式发展，现已暴露出许多问题，高技术、高科技纺织材料研发与生产的滞后、高性能纺织机械设备的不足、节能减排管理效能的落后、企业规模盲目扩张导致的产能过剩等。要解决这些问题，必须走绿色发展道路，以维护生态环境为目标，技术创新为抓手，通过先进的治理理念和技术手段发展纺织工业技术、推动纺织工业转型。

首先，纺织行业要走绿色发展道路，在保护生态环境的前提条件下发展纺织工业，可从水资源节约、减少污染物排放、降低资源消耗三个主要方面入手。例如，在纺织企业中大力推广运用节能"冷轧堆"技术，减少水资源消耗，节约水资源；使用麻纤维脱胶工艺、超临界流体二氧化碳染色工艺、可降解浆料技术、循环过滤控制系统等新技术，回收再利用废旧纺织品，减少污染物的排放；减少不可再生的资源利用，可将其替换为农业废弃物，如甘蔗榨糖后的甘蔗渣、桑叶喂蚕后的桑条、各种麻秆剥取韧皮后的麻秆芯等，以此来降低资源消耗。

其次，纺织企业要充分发挥科技创新的支撑引领作用，通过掌握关键技术来实现我国纺织工业的转型升级，"双碳"目标的提出促进了企业产业结构的调整、推动了企业技术的进步。通过科学整合原料、装备、产品和技术资源，加大技术改造和创新力度，淘汰产能严重过剩、规模小、设备落后的企业，促进产业转型升级，在全行业中大力推行高效节能的新工艺、新技术、新设备，推动纺织行业节能减排。目前已有部分企业开始行动，有的企业开始研究开发减碳型产品，有的企业研究缩短产业链，还有的企业以有机、可再生等绿色纤维为原料，不断创新工艺，有效缓解了原生棉大量用水、耗能、化工污染等矛盾。企业不仅在产品和工艺上下功夫，部分企业还利用自身条件搞光电互补、雨水利用、冷热交换等一系列节能降耗措施，更有一些企业对产品进行碳排放量分析，实现碳可追溯，最终实现零碳排放、碳排放负增长的目标。这些企业的做法无一不是靠科技创新优化产业结构和产品结构、节能减排、降低单位工业增加值的能耗与碳排放。纺织企业降耗减排是必然趋势，要从材料、能源、制造到循环回收进行技术的突破，加速推动产品全生命周期的绿色转型，制定高于国家标准的企业标准促进低碳发展。

"双碳"目标是经济社会一场广泛而深刻的系统性变革。"十四五"是碳达峰的关键期、窗口期，纺织企业要抢抓时机，不但成为减碳行动的参与者，还要争取成为规则的制定者，借助科技创新之力掌握绿色低碳发展轨迹的话语权，实现我国纺织业的可持续发展。

1.5 纺织工业的清洁生产

1.5.1 纺织工业清洁生产发展现状

1.5.1.1 清洁生产的含义

清洁生产的概念最早可追溯到20世纪70年代，欧洲共同体于1976年在巴黎举行了"无废工艺和无废生产国际研讨会"，并在会议上提出了"消除造成污染的根源"的思想。其理事会于1979年宣布开始推行清洁生产政策，并分别于1984年、1985年、1987年三次拨款支持建立清洁生产示范工程。

此后，联合国于1992年在巴西里约热内卢举行了"环境与发展大会"，并通过了《里约热内卢环境与发展宣言》。该宣言首次提出人类应遵循可持续发展的方针，并明确了可持续发展的定义是：既符合当代人的需求，又不致损害后代人满足其需求能力的发展。其环境署于1996年对清洁生产做出的新定义清楚地阐明清洁生产的内涵：是指将综合性预防的战略持续地应用于生产过程、产品和服务中，以提高效率和降低对人类安全和环境的风险。在生产过程中，清洁生产是指节约能源和原材料，淘汰有害的原材料，减少和降低所有废物的数量和毒性；在产品上，清洁生产是指降低产品全生命周期（包括从原材料开采到寿命终结的处置）对环境的有害影响；在服务上，清洁生产是指将预防战略结合到环境设计和所提供的服务中。

1.5.1.2 清洁生产对生态工业、循环经济的意义

清洁生产、生态工业和循环经济是当今环保战略的3个主要发展方向，三者有共同之处，又有各自明确的理论、实践和运行方式。

其中生态工业是指通过模拟生态系统的功能，建立起相当于生态系统的工业生态链，以低消耗、低（或无）污染、工业发展与生态环境协调为目标的工业。从宏观上其能够使工业经济系统和生态系统耦合，协调工业的生态、经济和技术关系，促进工业生态经济系统的人流、物质流、能量流、信息流和价值流的合理运转和系统的稳定、有序、协调发展，建立宏观的工业生态系统的动态平衡；在微观上又能做到工业生态资源的多层次物质循环和综合利用，提高工业生态经济子系统的能量转换和物质循环效率，建立微观的工业生态经济平衡。从而实现工业的经济效益、社会效益和生态效益的同步提高，走可持续发展的工业发展道路。

循环经济是"资源循环型经济"的简称，是以资源节约和循环利用为特征，与环境和谐相处的经济发展模式。强调把经济活动组织成一个"资源—产品—再生资源"的反馈式流程。其特征是低开采、高利用、低排放，所有的物质和能源能在这个不断进行的经济循环中得到合理和持久的利用，以把经济活动对自然环境的影响降低到尽可能小的程度。

清洁生产的基本精神是源削减，而生态工业和循环经济的前提和本质是清洁生产。这一论点的理论基础是生态效率。生态效率追求的是物质和能源利用效率的最大化以及废物产量的最小化，不必要的再用意味着上游过程物质和能源的利用效率未达最大化，而废物的再用和循环往往要消耗其他资源，且废物一旦产生即构成对环境的威胁。

清洁生产所强调的源削减，指的是削减废物的产生量，而非废物的排放量。例如循环经济中"减量、再用、循环"的排列顺序就充分体现出清洁生产源削减的精神。减量作为输入端方法和循环经济第一法则，又称减物质化，旨在减少进入生产和消费过程的物质量。相反，循环经济遵循清洁生产源削减精神，要求输入这一过程的物质量越少越好，正是因为循环经济把源削减放在第一位。

1.5.1.3 我国的清洁生产总体现状

当前，我国正面临资源约束趋紧、环境污染严重、生态系统退化的严峻形势。于是，党的十八大以来，中共中央提出要"把生态文明建设放在突出地位""着力推进绿色发展、循环发展、低碳发展"。这一思路为清洁生产工作提供了机遇的同时，也提出了更高的要求。现阶段，我国清洁生产的发展已经在政策法规、管理机制、咨询机构、人才建设、技术支撑工具和清洁生产审核等领域取得一系列的成就。

近年来，我国的清洁生产政策法规体系逐步完善。自引入清洁生产理念开始，我国的清洁生产工作通过试点推行，逐步从政策研究转向政策制定，并于2002年6月20日颁布了《清洁生产促进法》（以下简称《促进法》），使我国清洁生产工作进入了有法可依的阶段。但法律法规的完善并未就此停止，2003年至今，国家有关部门陆续制定出台了一系列配套政策和制度，直到2012年7月1日，《促进法》正式实施，才标志着源头预防、全过程控制的战略已融入经济发展综合策略。

作为推进清洁生产工作的重要力量，清洁生产咨询机构也得到了蓬勃发展，其伴随清洁生产工作的向前推进。据统计，我国咨询机构从2002年的39家迅速增长到2013年的934家（图1-11）。清洁生产的发展为清洁生产咨询机构开辟了道路，同时咨询机构的蓬勃发展又为社会输送了大量的技术、人才等，促进了清洁生产在国内的发展。

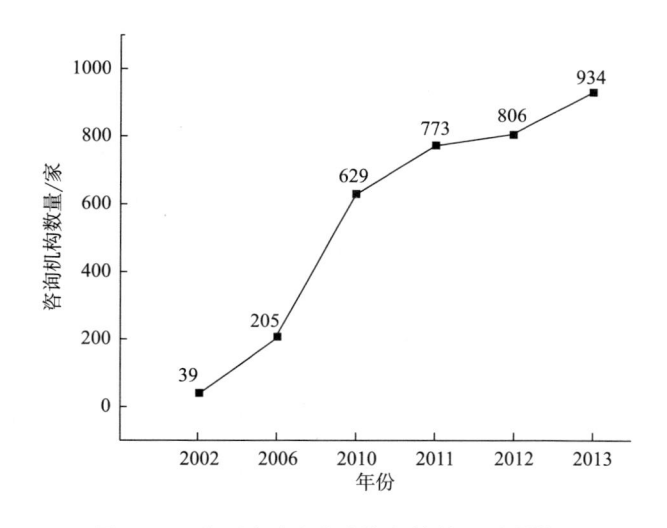

图1-11 我国清洁生产咨询机构数量递增情况

清洁生产人才能力建设持续开展，清洁生产工作跨学科且综合性强，需要高素质的专业人员。通过培训使相关工作人员了解并掌握清洁生产内涵、清洁生产审核程序、方法与操作实践技巧以及典型行业清洁生产关键技术等。截至2013年底，全国共27996人参加了国家层次的清洁生产培训。在缓解社会人员就业问题的同时，还能够不断地为社会输送清洁生产专业技术人员，进而促进清洁生产的发展。

清洁生产技术支撑工具陆续开发，清洁生产的实施和推广离不开技术支撑，为加快推进清洁生产进程，我国相继研发了标准与评价指标、审核规范、技术目录等不同形式的清洁生产技术支撑工具。此外，我国在重点企业清洁生产审核、各地专家智囊团的建设以及技术工具的支撑等领域都取得了实质性的进展。

尽管我国已在清洁生产领域取得诸多成就，但是清洁生产的发展依然道阻且长，其中依然存在诸多问题：首先是清洁生产配套法规政策有待落实，现阶段我国清洁生产工作仍有赖于政府在清洁生产政策机制的引导和支持，《促进法》实施以来，现行的清洁生产规章制度尚未及时依据新法要求做出相应修订，同时对新法的配套政策与措施也尚未全面启动，这些问题在一定程度上制约了清洁生产工作开展的进度。清洁生产管理机制有待健全清洁生产的内涵决定了清洁生产工作需要多个部门协作推进，对此，《促进法》对相关部门在清洁生产工作中的定位进行了明确规定，但在实际工作中仍存在以下问题：一是工作归属不明确，清洁生产规章制度政出多门，导致地方无法适从，执行难度较大，制约了清洁生产工作的深入推进；二是各部门配合有待加强；三是清洁生产工作缺乏专职管理，清洁生产是一项技术性、政策性很强的工作，从国家到地方都未设清洁生产专职机构与岗位，各级负责清洁生产管理人员分管数项工作，任务繁多，同时，基层工作人员变动频繁，清洁生产工作得不到重视，导致地方清洁生产工作不能持续有效推进。

其次，清洁生产技术支撑体系需完善。清洁生产行业标准和指标体系颁布滞后。目前我国仍有大部分行业产业并未制定行业标准和评价指标体系，且现有的标准及指标体系并未给出达到这些标准和指标的技术路线，行业企业在实施中面临较大困难；清洁生产审核效果仍相对较低。咨询机构层面上，咨询服务市场管理机制尚不完善，咨询机构准入门槛低，咨询业务监管松弛，咨询机构之间存在不良竞争。咨询机构业务水平良莠不齐，缺乏高素质的专业技术人员，审核人员专业技能更新缓慢，无法为企业提供可靠的技术和指导。地方保护主义限制使本地的咨询机构缺少技术交流和竞争，形成内部低水平发展，限制了咨询机构服务水平的提升；企业层面上，企业领导对清洁生产缺乏了解，对其作用认识严重不足，不愿对清洁生产审核耗费时间和努力。企业员工缺乏认识，对清洁生产审核普遍存在抵触和不配合。企业缺乏开展审核的动力与压力。审核方案落实难。大部分企业缺乏清洁生产中、高费方案实施资金，导致企业审核方案难以落实。同时还存在着，行业清洁生产审核指南不足；清洁生产技术信息流通不畅；清洁生产科研立项不足等问题，这些都制约着清洁生产技术的推广与发展。

对此可以通过，细化部门分工，完善管理体制；发挥市场作用，推动行业发展；鼓励科研立项，保障科研经费；建设清洁生产信息系统以及技术交流平台等对策来解决问题，推动清洁生产的发展。

1.5.1.4 基于全生命周期的纺织工业清洁生产

清洁生产是一个系统工程，是对生产过程、产品和服务这一整个周期采取污染预防的综合措施。在中国服装纺织行业产业链中，上游为纺织原料供货商，中游为服装纺织企业，下游为服装企业。纺织原料供货商为服装纺织企业提供天然纤维与化学纤维，服装纺织企业再通过一系列加工生产出纺织物，服装企业再将其加工成服装销售给消费者。在这整个过程中，纺织工业的清洁生产主要体现在低（无）污染原材料的选择以及生产工艺的革新上。使用绿色纤维、高效清洁的生产工艺和"绿色"安全的纺织产品上，力求在纺织工业的整个周期中，尽可能地减少污染的产生，降低对人体和环境造成的危害。

除了在原料、生产工艺及技术上应从污染预防、环境保护上考虑外，还应向社会提供"绿色"生态的纺织产品。这种产品从原料到成品最终处置的整个周期中，要求对人体和环境不产生污染危害或将有害影响减少到最低限度，在商品使用寿命终结后，能够便于回收利用，不对环境造成污染或潜在威胁。因此，在纺织工业清洁生产中应不断完善纺织企业的管理，有保障纺织清洁生产的规章制度和操作规程，并监督其实施。同时，应有一个整洁、优美的工厂形象。

发展纺织工业清洁生产，采用有利于保护生态环境的绿色生产方式，向消费者提供生态纺织品是世界纺织业进入21世纪的全球性主题，是事关人类生存质量和可持续发展问题的重要内容。加入世界贸易组织对我国纺织工业来说，面临着新的发展机遇和挑战。要参与国际竞争，纺织工业就应重视生态纺织品生产的重要性。大力推广纺织工业清洁生产，研制和开发生态纺织品，增强环境保护意识，推动我国纺织印染技术的全面发展。

1.5.2 "一带一路"清洁生产技术实施

1.5.2.1 "一带一路"清洁生产技术的必要性

在推进"一带一路"建设的过程中，中国始终践行绿色发展理念，积极参与全球生态治理体系，引导完善国际环境治理规则，深入开展环境保护、污染防治、生态修复、循环经济等领域合作，不断推进绿色基础设施建设、绿色产能和装备制造合作、绿色金融以及绿色贸易体系建设等。而绿色发展离不开清洁生产技术的支撑，清洁生产技术的革新能够推动绿色发展，绿色发展也进一步带动着技术的革新，为清洁生产带来更多的可能。

此外，绿色"一带一路"建设是"中国理念、世界共享"的内在要求，其以生态文明与绿色发展理念为指导，坚持资源节约和环境友好原则，提升政策沟通、设施联通、贸易畅通、资金融通、民心相通的绿色化水平,将生态环保融入"一带一路"建设的各方面和全过程,让绿色发展成果惠及各国人民;绿色"一带一路"建设是"中国方案、全球治理"的重要实践。绿色发展成为各国共同追求的目标和全球治理的重要内容,推进绿色"一带一路"建设是顺应和引领绿色、低碳、循环发展国际潮流的必然选择,是借鉴中国绿色发展经验、促进全球生态环境治理的有效途径;绿色"一带一路"建设是"中国智慧、区域合作"的关键举措全球和区域生态环境挑战日益严峻,良好生态环境成为各国经济社会发展的基本条件和共同需求,防控环境污染和生态破坏是各国的共同责任。推进绿色"一带一路"建设,可为解决全球性环境问题和建设美丽世界贡献中国智慧,有利于务实开展合作,推进绿色投资、绿色贸易和绿色金融体系发展,促进经济发展与环境保护双赢,建立经济社会和生态环境新秩序,服务于打造利益共同体、责任共同体和命运共同体的总体目标。

1.5.2.2 "一带一路"清洁生产技术实施现状

"一带一路"沿线国家和地区正逐步向工业化社会过渡,其中纺织行业发展尤其迅速。越南、印度尼西亚、柬埔寨以及孟加拉国等地区都对其环保政策进行了调整,并对各项指标进行了严格的规范。

与此同时,清洁生产技术在"一带一路"沿线国家和地区得到推广与发展,在纺织行业能效方面取得了一系列进展。据统计,在纺织工业领域采用清洁生产技术对生产工艺进行优化,利用熔体直接纺丝热煤加热系统节能装置和技术、余热回收利用技术、连续聚合聚酯装置酯化蒸汽能量回收技术、化纤行业空压系统节能优化技术以及热煤炉热管蒸汽发生器等节能技术,可使我国化纤行业在2019～2024年节省约862万吨标煤;在印染工艺上加入太阳能集热技术、数字化连续丝光技术、活性染料湿短蒸染色技术、气流染色技术等节能技术,可使我国印染行业在2019～2024年节省约391万吨标煤;在棉纺工艺中加入能源系统优化技术、节能电机、太阳能光伏技术同时对空压系统能源进行优化,可使我国棉纺行业在2019～2024年节省约255万吨标煤;在成衣制造工艺中改用蒸汽改善装置,可使我国成衣制造业在2019～2024年节省约22.5万吨标煤。总而言之,仅在我国将化纤、印染、棉纺、成衣制造四个环节进行清洁生产,优化工艺流程,推广节能技术,就可以在2019～2024年节省约1530万吨标煤,平均每年节约纺织行业总耗能的3%。同时,中国企业也在"一带一路"沿线国家和地区设厂经营,不仅能够促进"一带一路"沿线国家和地区人员就业和社会稳定,还可以带动和促进"一带一路"沿线国家和地区的能效水平。

第 2 章　纺织工业清洁生产政策与标准体系

2.1　我国纺织工业清洁生产政策与标准体系

2.1.1　我国纺织印染行业清洁生产相关政策

2.1.1.1　纺织行业

纺织工业是我国国民经济的传统支柱产业，也是国际竞争优势比较明显的重要产业之一，对扩大就业、增加农民收入、积累资金、出口创汇、繁荣市场、提高城镇化水平、带动相关产业和促进区域经济发展发挥了重要的作用。

在"十一五"前，纺织行业的主要发展任务是积极推进结构调整，促进产业升级，加快实现纺织大国向纺织强国的转变。《纺织工业"十五"规划》中，仅提到了"坚持可持续发展"，鼓励企业积极推行清洁生产技术。然而，进入21世纪后，我国纺织工业长期积累高能耗、高水耗等环保矛盾日益突出。在此背景下，《纺织工业"十一五"发展纲要》对节能降耗和环境保护等方面的指标提出了明确要求。发展目标中要求到"十一五"末，低效率、高能耗、高污染的低水平初加工能力得到有效限制和淘汰，节能降耗、环境保护取得实质性进展。《纺织工业"十二五"发展规划》中提到，"十一五"期间我国纺织工业节能减排和循环利用成效明显。然而，仍然存在着节能减排和淘汰落后产能任务艰巨，先进技术推广和技术改造工作有待加强的不足的问题，所以规划在"十二五"期间制定了纺织行业节能减排和循环利用目标，并首次提出了工业二氧化碳排放强度下降的要求。围绕资源再生循环再利用目标，开始重点关注"再生纤维生产技术"，要求初步建立纺织纤维循环再利用体系。

经过十年的建设发展，在《纺织工业发展规划（2016—2020年）》的指导思想中，提出了初步建成纺织强国的目标，并提出了"纺织行业绿色制造体系"的发展目标，要求清洁生产技术普遍应用，进一步完善纺织清洁生产评价体系，推动印染、化纤等重点行业清洁生产审核。持续关注再生纤维生产技术，要求突破一批废旧纺织品回收利用关键共性技术，循环利用纺织纤维量占全部纤维加工量比重继续增加。在规划中除了关注废水及其污染物的减排外，首次提出了推进定型机废气回收治理的要求。随着"一带一路"沿线国家和地区发展战略和生态文明建设的提出，在规划中也提到了建设新疆丝绸之路经济带核心区，以及支持新疆发展纺织服装产业促进就业一系列政策实施。要求从建设生态文明新高度推动纺织工业节能减排，发展低碳、绿色、循环纺织经济以推动行业转型升级。

作为第二个百年奋斗目标的起点，在"十四五"发展阶段，《纺织行业"十四五"发展纲要》确定了行业在整个国民经济中的新定位，即"国民经济与社会发展的支柱产业、解决民生与美好生活的基础产业、国际合作与融合发展的优势产业"。要求纺织行业以"创新驱动的科技产业、文化引领的时尚产业、责任导向的绿色产业"为发展方向，在2035年远景目标中提出纺织行业责任导向的绿色低碳循环体系基本建成，行业碳排放在达峰后稳中有降。利用"一带一路"建设机遇，在东南亚、非洲地区加强产业园区共建合作，打造国际产能合作标志性项目。纺织行业清洁生产政策发展历程见表2-1。

表2-1 纺织行业清洁生产政策发展历程

项目	"十一五"（2006～2010）以前	"十一五"（2006～2010）	"十二五"（2011～2015）	"十三五"（2016～2020）	"十四五"（2021～2025）
产业发展定位	积极推进结构调整，促进产业升级，加快实现纺织大国向纺织强国的转变	自主创新能力得到较大提高，走新型工业化道路要求的产业发展模式	发展现代纺织工业体系，为实现纺织工业强国奠定更加坚实的基础	促进产业迈向中高端，初步建成纺织强国	国民经济与社会发展的支柱产业、解决民生与美化生活的基础产业、国际合作与融合发展的优势产业
清洁生产	鼓励企业积极推行清洁生产技术	大力推广清洁生产新技术	推进重点子行业的清洁生产审核	清洁生产技术普遍应用	先进适用清洁生产技术基本普及
"一带一路"政策				借助"一带一路"倡议的提出，提升纺织国际化发展水平	利用"一带一路"建设机遇，在东南亚、非洲地区加强产业园区共建合作，打造国际产能合作标志性项目
碳减排要求			工业二氧化碳排放强度比2010年降低20%，制定行业碳排放核算指南，实施低碳节能工程		二氧化碳排放量降低18%，到2030年，纺织行业责任导向的绿色低碳循环体系基本建成，行业碳排放在达峰后稳中有降。鼓励开展碳核算方法学等标准及规范体系方面的研究

在我国构建"双循环"新发展格局背景下，在"双碳"目标导向下，纺织行业推动绿色低碳循环发展、促进行业全面绿色转型将成为大势所趋和重要之策。因此，在发布《纺织行业"十四五"发展纲要》的同时，中国纺织工业联合会发布了《纺织行业"十四五"绿色发展指导意见》，对纺织行业绿色低碳循环发展要求进一步细化。《指导意见》从"能源利用""资源利用""清洁生产水平""绿色制造"四个方面明确了纺织行业"十四五"绿色发展的目标。

2.1.1.1.2 印染行业

印染，是纺织品深加工、提高附加值的重要环节。印染行业向下连接着各种纤维原料，向上连接着各种染料织物，是纺织行业承上启下的关键。"十一五"期间，印染行业发展总体向好，节能减排扎实推进。2005～2010年，印染布生产用新鲜水取水量由4吨/100m下降到2.5吨/100m，下降37.5%；印染布生产水回用率由7%提高到15%，提高8个百分点；印染布生产综合能耗由59千克标煤/100m下降到50千克标煤/100m，下降15%。由于印染行业在纺织产业链中的特殊地位，具有能耗高、水耗高、废水排放量大的特点，再加上国际社会对印染产品的生态要求越来越高，印染行业呈现生态和环境保护压力大的特点。针对此问题，《印染行业"十二五"发展规划》要求加大推行清洁生产，"十二五"期间，东部地区印染企业基本完成设备升级或改造，印染装备基本实现在线测控，节能减排印染技术在绝大部分企业得到应用，中西部地区承接印染产业转移和升级相结合的转移；同时开发新技术，推广先进技术，加快淘汰落后产能。在节能减排方面，《发展规划》要求印染行业单位工业增加值能耗进一步下降，到2015年，单位工业增加值能源消耗量比2010年降低20%，单位工业增加值用水排放量比2010年降低30%，主要污染物排放比2010年下降10%。

"十二五"期间，我国印染行业产量虽然有所缩小，但收入、利润、投资、出口等经济指标均实现增长，企业逐步淘汰能耗水耗高、稳定性差的印染设备，高能耗、高水耗的落后生产工艺设备正在逐步被节能、节水、环保、高效的生产设备所替代，较好地完成了"十二五"发展规划的主要目标和任务。其中在节能减排方面，取得显著成效，2010～2015年，印染行业单位产品水耗下降28%，由2.5吨/100m下降到1.8吨/100m；单位产品综合能耗下降18%，由50公斤标煤/100m下降到41公斤标煤/100m；印染行业水重复利用率由15%提高到30%，提高15个百分点。"十三五"期间，生态文明建设首次纳入国家五年发展规划，上升到国家发展战略层面，新保护法和水、大气法规出台，对印染行业提出更高要求，加之东南亚国家纺织业不断发展，印染行业面临的压力越来越大。针对这些问题,《印染行业"十三五"发展指导意见》为印染行业提供前进方向:依靠科技进步、管理创新、产品开发、节能减排来推进行业结构调整和转型升级。《指导意见》提出节能环保目标:要求到2020年,印染行业万元产值水耗下降20%,万元产值能耗下降15%。结构调整目标要求鼓励企业兼并重组,淘汰环保落后企业。在清洁生产方面提到要完善清洁生产体系,健全相关标准,加强清洁生产审核和绩效评估,加快结构调整,淘汰落后的高耗能、高水耗、低效率设备,加大节能减排投入,加强清洁生产和末端治理相结合,全面提高印染行业节能环保水平和可持续发展能力。工业和信息化部于2019年发布《印染行业绿色发展技术指南(2019版)》,主要介绍35项印染技术,为给地方政府推动印染行业转型升级提供指导,给印染企业技术改造指引方向,给相关科研机构技术攻关聚焦目标,切实提高印染行业绿色发展水平。

"十三五"期间,印染行业转型升级深入推进,创新能力稳步提升,绿色发展成效显著,2015~2020年,印染行业机织物单位产品水耗由1.8吨水/100m下降到1.5吨水/100m,下降幅度为17%;针织物单位产品水耗由110吨水/吨下降到95吨水/吨,下降幅度为14%;单位产品综合能耗下降近15%,其中,机织物单位产品能耗由41公斤标煤/100m下降到35公斤标煤/100m,针织物单位产品能耗由1.4吨标煤/吨下降到1.2吨标煤/吨;水重复利用率由30%提高到40%,提高10个百分点。"十四五"时期,"双碳"目标的提出,将倒逼印染行业采取务实措施迈向新台阶。在机遇与挑战并存的时期,我国印染行业也需要提升创新能力,深入推进绿色发展和智能化转型,着力提高发展质量和现代化水平。在《印染行业"十四五"发展指导意见》中提到绿色发展目标要求:到"十四五"末,机织物单位产品水耗降至1.3吨水/100m,综合能耗降至32公斤标煤/100m;针织物单位产品水耗降至85吨水/吨,综合能耗降至1.1吨标煤/吨。印染行业水重复利用率进一步提高,达到45%以上。单位产值能耗较"十三五"末降低13%,水耗降低10%。在清洁生产方面要求夯实绿色发展基础、研发推广先进绿色制造技术,深入推进绿色低碳转型任务。印染行业清洁生产政策发展历程见表2-2。

表2-2 印染行业清洁生产政策发展历程

项目	"十一五" (2006~2010)	"十二五" (2011~2015)	"十三五" (2016~2020)	"十四五" (2021~2025)
产业发展定位	克服危机冲击,实现从数量型增长向质量效益型增长转变	转方式、调结构将成为发展主线	加快行业结构调整、推动行业转型升级	进一步推动印染行业转型升级,实现更高质量的发展

续表

项目	"十一五"（2006~2010）	"十二五"（2011~2015）	"十三五"（2016~2020）	"十四五"（2021~2025）
清洁生产	企业积极进行设备改造和技术创新，采用新设备、新工艺、新技术，全行业节能减排取得了显著成效	加强引导，控制污染物排放总量和污染转移；扩大先进工艺技术推广应用面；研究开发新技术、新工艺并推进其产业化	完善清洁生产体系，健全相关标准，加强清洁生产审核和绩效评估，加快结构调整，淘汰落后的高耗能、高水耗、低效率设备，加大节能减排投入，加强清洁生产和末端治理相结合，全面提高印染行业节能环保水平和可持续发展能力	完善优化行业相关标准体系，全面推进清洁生产，持续开展清洁生产审核和绩效评估，强化产品全生命周期绿色管理，深入推进企业绿色转型；加强有毒有害化学品替代技术开发，推进行业能源结构绿色低碳转型，加强资源综合利用，加强绿色科技国际合作
"一带一路"政策				在"一带一路"倡议引领和区域自由贸易协定的推动下，系统谋划海外布局，充分了解和用好国际市场，鼓励和引导优势企业科学、有序地"走出去"，培育一批有竞争优势的国际化企业

2.1.1.3 化纤行业

我国是世界最大的化纤生产国，中国化纤产量占全球总产量的70%，化纤占中国纺织纤维加工总量的84%，化纤工业是纺织产业链稳定发展和持续创新的核心支撑，也是新材料产业的重要组成部分。"十一五"之前，我国化纤工业迅速发展，推动着纺织行业和相关产业的迅速发展，但是长时间以来我国化纤工业一直存在着自主创新能力不强，资源约束矛盾日益凸显的问题，如何解决长期积累的结构性矛盾和资源、环保约束问题成为"十一五"期间化纤工业发展迫切需要解决的问题。在《化纤工业"十一五"发展指导意见》（简称《意见》）中，详细分析了我国化纤工业的发展情况、主要问题和产业发展趋势，确立了"十一五"期间化纤工业发展由"数量型"向"技术效益型"战略转变的指导思想，明确了化纤工业的发展目标和发展重点，提出了发展高新技术纤维、生物质纤维以及差别化纤维的技术方向。在环境保护方面，《意见》要求资源利用效率显著提高，与"十五"末相比，万元产值耗电降低20%，耗水降低10%；吨纤维废水排放量降低10%，废气排放量降低10%，具体可通过使用可再生、可降解的生物质资源、提高资源利用效率、开展清洁生产资源回收工作等措施来完成目标。

"十一五"期间，化纤行业共淘汰落后产能300多万吨，全面完成了规划的各项目标任务，有力推动和支撑了纺织工业和相关产业的发展。但是在"十二五"期间，化纤原料进口依存度长期居高不下，原料资源制约成为化纤工业发展的主要矛盾，化纤企业受到生态环境的制约，节能减排形势依然严峻。因此在《化纤工业"十二五"发展规划》中要求在"十二五"期间，化纤工业增强可持续发展能力，加快生物质纤维的研发和产业化，进一步提高清洁生产、资源综合利用水平，建立起化纤工业循环经济发展模式，具体可通过加强行业低碳技术经济研究，大力推动资源的循环利用，用政策引导企业自主创新，推动化纤行业标准化工作等措施来实现上述目标。

"十二五"期间我国化纤工业再进一步，化纤产量占全球三分之二以上。我国常规化纤产品生产技术虽居世界先进水平，但产能结构性过剩，创新能力较弱，不能很好适应功能性、绿色化、差异化、个性化消费升级需求，因此在"十三五"期间，我国化纤行业向创新驱动绿色发展转型迫在眉睫。《化纤工业"十三五"发展指导意见》提出"创新驱动，升级发展，控制总量，平衡发展，绿色制造，持续发展，开放合作，共同发展"的发展原则，首次将国家"一带一路"倡议纳入化纤行业发展当中去，牢固树立创新、协调、绿色、开放、共享的发展理念。在节能减排方面《意见》要求发展绿色制造，推进循环利用。一是要推广绿色技术，提高节能减排水平，通过推动绿色技术的开发和应用，使得单位增加值能耗、用水量、主要污染物排放等达到国家约束。二是建立纺织品资源回收和产品梯度循环利用体系，推进"绿色纤维"标志认证体系建设，鼓励民众绿色消费。三是完善行业规范和评价体系建设，进一步完善清洁生产评价指标体系，建立健全评价制度和标准，加强清洁生产审核和绩效评估，扩大适用领域。

到了"十四五"发展阶段，鉴于"双碳"目标任务对化纤工业低碳转型发展提出更高的要求，我国化纤行业自主创新、原料装备短板问题越来越突出，2022年4月21日，工业和信息化部联合国家发展和改革委员会发布《关于化纤工业高质量发展的指导意见》（以下简称《意见》）。《意见》以"创新驱动，塑造优势；优化结构，开放合作；绿色发展，循环低碳；引领纺织，服务前沿"为基本原则，共提出提升产业链创新发展水平、推动纤维新材料高端化发展、加快数字化智能化改造、推进绿色低碳转型、实施增品种提品质创品牌"三品"战略五项重点任务。在绿色发展方面，《意见》提出的目标更加严苛，要求化纤工业不仅要实现绿色，绿色纤维占比也要提高到25%以上，生物基化学纤维和可降解纤维材料产量年均增长要达到20%以上。这也使得化纤行业必须在"十三五"的基础上持续推进节能减排和提高清洁生产水平，加快绿色低碳转型和高质量发展，助力实现碳达峰碳中和目标。化纤行业清洁生产政策发展历程见表2-3。

表2-3 化纤行业清洁生产政策发展历程

项目	"十一五"（2006~2010）以前	"十一五"（2006~2010）	"十二五"（2011~2015）	"十三五"（2016~2020）	"十四五"（2021~2025）
产业发展定位	促进了纺织工业的结构调整和产业升级，我国化纤工业在技术装备、产品开发及工程技术等方面取得重大进展，资本结构呈现多元化	促进产业结构调整和升级，解决长期积累的结构性矛盾和资源、环保约束问题，实现由世界化纤生产大国向强国的转变	自主创新能力增强，推动科技进步，节能减排和循环经济得到强化，促进结构调整和产业升级，基本实现化纤强国的战略目标	着力推进供给侧结构性改革，加强重点领域关键技术攻关，积极推广智能制造和绿色制造，大力实施"三品"战略，为基本建成化纤强国奠定坚实基础	推动化纤工业高质量发展，构建高端化、智能化、绿色化现代产业体系，全面建设化纤强国
清洁生产	在"三废"治理方面，对过程监控重视不够，仍主要停留在终端治理阶段	加大企业的环保投入、清洁生产投入以及再生资源利用的研发投入	强化企业由终端治理向过程监控、清洁生产技术的转变，积极推进企业进行清洁生产	全面推进行业清洁生产认证和低碳认证体系建设，提高资源综合利用水平	加强清洁生产技术改造及重点节能减排技术推广，加快化纤工业绿色工厂、绿色产品、绿色供应链、绿色园区建设，开展水效和能效领跑者示范企业建设，推动碳足迹核算和社会责任建设
"一带一路"政策				结合"一带一路"等国家重大战略实施，加强与国外高技术纤维及复合材料等生产企业的合作，推动重点企业积极开展国际产能合作，推进产品、技术和标准的国际化合作与互认	

2.1.2 我国纺织行业清洁生产相关标准

我国清洁生产相关标准是随着清洁生产政策的颁布，逐步发展和完善的。其发展历程大致可以分为"清洁生产技术要求"，"清洁生产标准"和目前主要实行的"清洁生产评价指标体系"三个阶段。标准也由最初的原国家环境保护总局（现生态环境部）或者国家发展和改革委员会独立发布，发展到目前的国家发展和改革委员会、生态环境部与工业和信息化部联合发布。纺织行业作为我国重要工业行业之一，在每个清洁生产标准发展阶段都发布了相关标准。

2.1.2.1 纺织行业清洁生产技术要求

原国家环境保护总局于 2001 年 9 月印发了《关于开展清洁生产审计机构试点工作的通知》（环发〔2001〕154 号），2002 年 1 月，又印发了《清洁生产审计试点单位并开展试点工作的通知》（环发〔2002〕2 号），拉开了全国清洁生产审计工作的序幕。而清洁生产标准是保障审计工作顺利实施的重要支撑。

2002 年，原国家环境保护总局发布了《清洁生产技术要求氨纶产品（征求意见稿）》《清洁生产技术要求化纤行业（腈纶）（征求意见稿）》和《清洁生产技术要求棉印染业（征求意见稿）》，公开征求意见。在这三部征求意见稿中，对清洁生产做出定义，并把清洁技术要求分为国际清洁生产先进水平、国内清洁生产先进水平和国内清洁生产基本水平三级，以及提供了各类数据采集和计算的方法。但由于各种原因，这三个纺织行业清洁生产技术要求未正式颁布。

2.1.2.2 纺织行业清洁生产标准

在《清洁生产技术要求棉印染业（征求意见稿）》的基础上，2006 年 7 月，原国家环境保护总局发布《清洁生产标准纺织业（棉印染）》（HJ/T 185—2006），并于同年 10 月 1 日起实施。

作为我国正式颁布实施的第一个纺织行业清洁生产标准，《清洁生产标准纺织业（棉印染）》（HJ/T 185—2006）对前处理工艺、染色工艺、印花工艺、整理工艺以及规模按照清洁生产的三级分类提出了具体要求；对机织和针织印染产品的能资源利用指标和废水产生量和化学需氧量（COD）产生量按照三级分类提出了定量要求。

2007 年 8 月，基于《清洁生产技术要求氨纶产品（征求意见稿）》的相关内容，原国家环境保护总局为发布《清洁生产标准化纤行业（氨纶）》（HJ/T 359—2007），并于同年 10 月 1 日起实施。但《清洁生产标准化纤行业（氨纶）》（HJ/T 359—2007）相较于《清洁生产技术要求氨纶产品（征求意见稿）》在内容上更丰富，指标更合理。例如，在生产工艺与装备要求方面，由征求意见稿的四点扩充至七点、工艺合理性和设备更换为原料贮存、原料准备、聚合、废液贮存和自动控制，公用工程节能要求及事故性泄露防范装置也更加翔实；在资源能源利用指标方面，则是由征求意见稿的八点简化至五点，其中耗新鲜水量指标更加严格，消耗蒸汽、电、燃料和氮气指标则整合为万元产值能耗，更符合实际生产状况；在污染物产生指标方面，征求意见稿中二甲基甲酰胺（DMF）产生量被划分为DMF产生量或二甲基乙酰胺（DMAc）产生量，并且生产标准在废水、废气和固废三个方面指标都变得更加严苛；在废物回收利用指标方面，生产标准溶剂回收率指标比生产技术要求要更加严格，并将固体废物处置途径分为废液、废渣和废丝三类，分别作出要求。

2008年4月，原国家环境保护部发布《清洁生产标准化纤行业（涤纶）》（HJ/T 429—2008），并于同年8月1日起实施。但该标准仅适用于采用对苯二甲酸直接酯化法生产聚酯和以聚酯为原料生产涤纶的企业清洁生产审核和清洁生产潜力与机会的判断，一些未采用此工艺的行业企业无法参照此标准进行清洁生产评价。

2.1.2.3 废水排放标准

纺织行业一直以来为我国高水耗产业，废水排放量高且污染物成分复杂、浓度高，废水处理问题得到广泛关注。1992年5月18日，国家环境保护局和国家技术监督局发布《纺织印染水污染物排放标准》（GB 4287—1992），并于1992年7月1日实施。该标准按照纺织印染企业污水排放去向，规定纺织印染工业水污染物最高允许排放浓度和排放量。水污染物涉及生化需氧量（BOD_5）、化学需氧量（COD_{Cr}）、色度（稀释倍数）、pH值、悬浮物、氨氮、硫化物、六价铬、铜和苯胺类共十项，纺织整染工业建设项目按照1989年1月1日前立项、1989年1月1日至1992年6月30日立项、1992年7月1日起立项分为三个时间段，每个时间段按标准分三级对水污染物最高允许排放浓度和排放量进行规定。

2012年10月19日，原国家环境保护部、国家质量监督检验检疫总局（现国家市场监督管理总局）发布《纺织印染工业水污染物排放标准》（GB 4287—2012），并于2013年1月1日实施，同时《纺织印染工业水污染物排放标准》（GB 4287—1992）废止。该标准对现有企业、新建企业、执行水污染物特别排放限值的地域范围分别规定水污染物排放限值、监测和监控要求。涉及的水污染物在（GB 4287—1992）的基础上增加总氮、总磷、二氧化氮、可吸附有机卤素（AOX），限制值按直接排放、间接排放分别规定，排水量按产品细分为棉麻化纤及混纺织机织物、真丝绸机织物（含练白）、精梳毛织物、粗梳毛织物。

同年国家环境保护部、国家质量监督检验检疫总局除了发布《纺织印染工业水污染物排放标准》，还发布了《缫丝工业水污染物排放标准》（GB 28936—2012）、《麻纺工业水污染物排放标准》（GB 28938—2012）、《毛纺工业水污染物排放标准》（GB 28937—2012）。和《纺织印染工业水污染物排放标准》类似，三个标准分别规定了现有企业、新建企业、执行水污染物特别排放限值的地域范围缫丝工业企业水污染物、麻纺企业或拥有麻纺设施的脱胶水污染物、毛纺企业或拥有毛纺设施企业的洗毛水污染物的排放限值、监测和监控要求。

《缫丝工业水污染物排放标准》涉及的水污染物有：生化需氧量（BOD_5）、化学需氧量（COD_{Cr}）、pH 值、悬浮物、氨氮、总氮、总磷、动植物油。《麻纺工业水污染物排放标准》涉及的水污染物有：生化需氧量（BOD_5）、化学需氧量（COD_{Cr}）、色度（稀释倍数）、pH 值、悬浮物、氨氮、总氮、总磷、可吸附有机卤素（AOX）。《毛纺工业水污染物排放标准》涉及的水污染物有：生化需氧量（BOD_5）、化学需氧量（COD_{Cr}）、色度（稀释倍数）、pH 值、悬浮物、氨氮、总氮、总磷、可吸附有机卤素（AOX）。三个标准的限值按直接排放和间接排放分别规定。

为结合园区实际情况和水污染物间接排放控制的调整需求，2015 年 3 月 27 日环境保护部对《纺织印染工业水污染物排放标准》（GB 4287—2012）进行部分修改。此次修改主要在（GB 4287—2012）的水污染物排放加上限定"废水进入城镇污水处理厂或经由城镇污水管线排放，应达到直接排放限值"，将化学需氧量间接排放限值做出调整，增设"总锑"的排放控制要求，且增加两项水污染物浓度测定方法标准。

为了完善纺织工业污染物排放标准体系，更加科学有效地控制纺织工业污染物排放，2019 年 9 月 9 日，生态环境部办公厅发布关于征求国家环境保护标准《纺织工业水污染物排放标准》（征求意见稿）意见函，希望将《纺织印染工业水污染物排放标准》《缫丝工业水污染物排放标准》《麻纺工业水污染物排放标准》《毛纺工业水污染物排放标准》四项标准整合成《纺织工业水污染物排放标准》一项标准（表 2-4）。

表 2-4　中国纺织行业清洁生产废水排放标准

文件	实施日期	实施状态	涉及指标
纺织印染水污染物排放标准（GB 4287—1992）	1992-07-01	2013-01-01 废止	BOD_5、COD_{Cr}、色度（稀释倍数）、pH 值、悬浮物、氨氮、硫化物、六价铬、铜、苯胺类、水耗

续表

文件	实施日期	实施状态	涉及指标
纺织印染工业水污染物排放标准（GB 4287—2012）	2013-01-01	现行	BOD_5、COD_{Cr}、色度（稀释倍数）、pH值、悬浮物、氨氮、硫化物、六价铬、铜、苯胺类、总氮、总磷、二氧化氮、可吸附有机卤素（AOX）、水耗
缫丝工业水污染物排放标准（GB 28936—2012）	2013-01-01	现行	BOD_5、COD_{Cr}、pH值、悬浮物、氨氮、总氮、总磷、动植物油、水耗
麻纺工业水污染物排放标准（GB 28938—2012）	2013-01-01	现行	BOD_5、COD_{Cr}、色度（稀释倍数）、pH值、悬浮物、氨氮、总氮、总磷、可吸附有机卤素（AOX）、水耗
毛纺工业水污染物排放标准（GB 28937—2012）	2013-01-01	现行	BOD_5、COD_{Cr}、色度（稀释倍数）、pH值、悬浮物、氨氮、总氮、总磷、可吸附有机卤素（AOX）、水耗
太湖地区城镇污水处理厂及重点工业行业主要水污染物排放限值（DB 32/1702—2007）	2008-01-01	2018-06-01废止	COD、氨氮、总氮、总磷、水耗
太湖地区城镇污水处理厂及重点工业行业主要水污染物排放限值（DB 32/1702—2018）	2018-06-01	现行	COD、氨氮、总氮、总磷

除了国家标准一些地方也在积极制定废水排放标准。2007年7月8日，江苏省环境保护厅、江苏省质量技术监督局联合发布《太湖地区城镇污水处理厂及重点工业行业主要水污染物排放限值》（DB 32/1702—2007），该标准规定了太湖地区城镇污水处理厂、纺织印染工业、化学工业、造纸工业、钢铁工业、电镀工业、味精工业及啤酒工业的4种水污染最高排放浓度限值及最高允许排放限值。2018年5月18日，江苏省环境保护厅、江苏省质量技术监督局对DB 32/1702—2007进行修改，修改后的《太湖地区城镇污水处理厂及重点工业行业主要水污染物排放限值》（DB 32/1702—2018）于2018年6月1日实施。

2.1.2.4 废气排放标准

在国家层面，还未对纺织工业制定相应的大气污染物排放标准。在地方层面，2015年3月31日，浙江省人民政府发布《纺织印染工业大气污染物排放标准》（DB 33/962—2015），该标准规定了纺织印染企业或生产设施大气污染物排放限值、监测和监控要求。标准所涉及的大气污染物有：颗粒物、印染油烟、挥发性有机物（VOCs）、臭气浓度、甲醛、苯、苯系物、氯乙烯、二甲基甲酰胺、甲醇，排放限值按照时间划分为现有企业、新建企业和特别排放限值，同时标准对无组织大气污染物也做出规定。

然而对于温室气体排放，2015年11月19日，国家标准委批准发布11项温室气体管理国家标准，既有通用规则《工业企业温室气体排放核算和报告通则》（以下简称《通则》），又有行业标准，包括发电、钢铁、民航、化工等10个重点行业温室气体排放核算方法与报告要求，并于2016年6月1日实施。《通则》规定了工业企业温室气体排放核算与报告的术语和定义、基本原则、工作流程、核算边界确定、核算步骤与方法、质量保证、报告要求等内容。2017年9月4日，环境保护部办公厅发布《工业企业污染治理设施污染物去除协同控制温室气体核算技术指南（试行）》，规定了工业企业污染治理设施污染物协同控制温室气体核算的主要内容、程序、方法及要求。

（1）*国家标准*

2018年9月17日，国家市场监督管理总局联合中国国家标准化委员会发布《温室气体排放核算与报告要求 第12部分：纺织服装企业》（GB/T 32151.12—2018），并于2019年4月1日实施。该要求对温室气体有关术语做出定义，对核算边界、核算步骤、核算方法做出规范。2021年3月26日，生态环境部办公厅发布《企业温室气体排放报告核查指南（试行）》，规定重点排放单位温室气体排放报告的核查原则和依据、核查程序和要点、核查复核以及信息公开等内容。

（2）*行业标准*

2010年8月16日，工业和信息化部发布《印染企业综合能耗计算办法及基本定额》（FZ/T 01002—2010），并于2010年12月1日实施。该标准规定了印染企业综合能耗的计算范围、综合能耗的分类与计算、标准品及标准品总产量的计算。2013年10月17日，工业和信息化部发布《棉纺织行业综合能耗计算办法及基本定额》（FZ/T 07001—2013），并于2014年3月1日实施。该标准规定了棉纺织企业在生产过程中，单位产量、单位增加值以及单位产值综合能耗的定义、计算边界和计算方法。

（3）*地方标准和团体标准*

2008年1月21日，天津市质量技术监督局发布《印染布单位产量综合能耗计算方法及限额》（DB 12/046.64—2008）、《棉布单位产量综合电耗计算方法及限额》（DB 12/046.65—2008），并于2008年3月1日实施。2014年8月4日，广东省质量技术监督局发布《纺织企业温室气体排放量化方法》，并于 2014 年 11 月 14 日实施。2018 年 10 月 8 日，中国纺织工业联合会发布《纺织产品温室气体排放核算通用技术要求》(T/CNTAC 11—2018)、《纺织企业温室气体排放核算通用技术要求》(T/CNTAC 12—2018)、《纺织企业温室气体减排评定技术规范》(T/CNTAC 13—2018)，并于 2018 年 10 月 8 日实施（表 2-5）。

表 2-5 中国纺织行业温室气体排放标准

标准名称	实施时间	实施状态	主要内容
工业企业温室气体排放核算和报告通则	2016-06-01	现行	工业企业温室气体排放核算与报告的术语和定义、基本原则、工作流程、核算边界确定、核算步骤与方法、质量保证、报告要求等内容
温室气体排放核算与报告要求 第 12 部分：纺织服装企业	2019-04-01	现行	纺织服装企业温室气体排放量的核算和报告相关的术语、核算边界、核算步骤与核算方法、数据质量管理、报告内容和格式内容
企业温室气体排放报告核查指南（试行）	2021-03-26	现行	重点排放单位温室气体排放报告的核查原则和依据、核查程序和要点、核查复核以及信息公开等内容
印染企业综合能耗计算办法及基本定额	2010-12-01	现行	印染企业综合能耗的计算范围、综合能耗的分类和计算、标准品及标准品总产量的计算
棉纺织行业综合能耗计算办法及基本定额	2014-03-01	现行	棉纺织企业在生产过程中，单位产量、单位增加值及单位产值综合能耗的定义、计算边界和计算方法
印染布单位产量综合能耗计算方法及限额	2008-03-01	现行	天津市辖区内印染布生产企业印染布单位产量综合能耗计算方法及限额指标
纺织企业温室气体排放量化方法	2014-11-14	现行	广东省行政区划内的纺织企业进行温室气体排放量化的流程和方法
纺织产品温室气体排放核算通用技术要求	2018-10-08	现行	纺织产品温室气体排放核算与报告的术语和定义、核算原则、核算边界、核算方法、数据获取、排放因子选择、不确定性分析评价和报告要求等内容
纺织企业温室气体排放核算通用技术要求	2018-10-08	现行	纺织企业温室气体排放核算与报告的术语和定义、核算原则、核算边界、核算方法、数据获取、排放因子选择、不确定性分析评价和报告要求等内容
纺织企业温室气体减排评定技术规范	2018-10-08	现行	纺织企业温室气体减排评定技术的术语与定义、评定原则、基本要求、具体工作流程、评定方法以及各方职责等内容

2.1.3 我国纺织行业清洁生产指标体系

2006年12月，国家发展和改革委员会发布了《印染行业清洁生产评价指标体系（试行）》。"清洁生产评价指标体系"依据综合评价所得分值，将企业清洁生产等级划分为两级，即代表国内先进水平的"清洁生产先进企业"和代表国内一般水平的"清洁生产企业"。评价该指标体系构建了定量和定性两种评价指标体系，并制定相应的评价基准值和权重分值，以及提供了印染企业清洁生产评价指标的考核评分计算方法，具有量化指标丰富的优点。充分考虑到纺织行业技术的不断进步和发展，无论是"清洁生产标准"还是"清洁生产评价指标体系"，都建议对标准3~5年修订一次。

为统一规范、强化指导，国家发展和改革委员会、原国家环境保护部、工业和信息化部组织编制了《清洁生产评价指标体系编制通则（试行稿）》，并于2013年6月5日发布，并自发布之日起施行。该文件对一些清洁生产术语作出定义，阐述了评价指标体系的编制原则，说明清洁生产评价指标体系中指标框架、指标选取、指标权重和基准值的选择并且提供了评价指标的计算和采集方法。由清洁生产标准向清洁生产评价指标体系发展的过程。

国家发展和改革委员会、生态环境部和工业和信息化部于2018年12月29日联合发布了《合成纤维制造业（氨纶）清洁评价指标体系》《合成纤维制造业（锦纶6）清洁评价指标体系》《合成纤维制造业（聚酯涤纶）清洁生产评价指标体系》《合成纤维制造业（维纶）清洁生产评价指标体系》《合成纤维制造业（再生涤纶）清洁生产评价指标体系》《再生纤维素纤维制造业（黏胶法）清洁生产评价指标体系》，并于公布之日起施行。

上述六项清洁生产评价指标体系将清洁生产指标分为六类，即生产工艺及装备指标、资源能源消耗指标、资源综合利用指标、污染物产生指标（末端处理前）、产品特征指标和清洁生产管理要求，并将清洁生产等级划分为三级，具体指标根据标准所规定的产业不同而不同。

再生涤纶作为传统涤纶的替代品有着不错的发展前景，但是《清洁生产标准 化纤行业（涤纶）》中并未对再生涤纶的清洁生产评价作出定义，《合成纤维制造业（再生涤纶）清洁生产评价指标体系》的发布很好地弥补了空缺。该清洁生产评价指标体系对再生涤纶及其关联术语作出定义，构建了合成制造业再生涤纶的清洁生产评价指标体系，并对体系中的评价指标提供评价和核算方法。

为贯彻落实《中华人民共和国清洁生产促进法》，指导推动企业实施清洁生产，国家发展改革委委托技术单位研究编制了《印染行业清洁生产评价指标体系（征求意见稿)》,并于2019年7月2日发布(表2-6)。

表2-6 纺织行业清洁生产评价指标历程

时间轴	2001~2005年	2006~2010年	2011~2015年	2016~2020年
国家发展和改革委员会		2006年 印染行业清洁生产评价指标体系(试行)		2018年 合成纤维制造业(氨纶)清洁评价指标体系 合成纤维制造业(锦纶6)清洁评价指标体系 合成纤维制造业(聚酯涤纶)清洁生产评价指标体系 合成纤维制造业(维纶)清洁生产评价指标体系 合成纤维制造业(再生涤纶)清洁生产评价指标体系 再生纤维素纤维制造业(黏胶法)清洁生产评价指标体系
国家环境保护总局 环境保护部 生态环境部	2002年 清洁生产技术要求氨纶产品(征求意见稿) 清洁生产技术要求化纤行业(腈纶)(征求意见稿) 清洁生产技术要求棉印染业(征求意见稿)	清洁生产标准纺织业(棉印染)(HJ/T 185—2006) 清洁生产标准化纤行业(氨纶)(HJ/T 359—2007) 清洁生产标准化纤行业(涤纶)(HJ/T 429—2008)	2012年 清洁生产评价指标体系编制通则(试行稿)	
工业和信息化部				2019年 印染行业清洁生产评价指标体系(征求意见稿)

此外纺织业发达地区的行业协会和团体也在积极推动纺织行业清洁生产指标体系的建设。例如佛山市清洁生产与低碳经济协会在2019年制定了《纺织行业清洁生产评价指标体系机织印染布》(T/FSCPLC 01—2019)、《纺织行业清洁生产评价指标体系针织印染布》(T/FSCPLC 02—2019)和《纺织行业清洁生产评价指标体系色纱》(T/FSCPLC 03—2019),又在2021年制订了《纺织行业清洁生产评价指标体系机织坯布》(T/FSCPLC 01—2021)。佛山市南海区纺织行业协会在2019年制订《纺织行业清洁生产评价指标体系浆染纱》(T/NHTA 9—2019),从而弥补了部分纺织子行业清洁生产指标体系的空缺。

2.2 "一带一路"沿线国家和地区的纺织工业清洁生产管理体系

2015年,全球纺织品生产消耗了约790亿立方米的水,排放了约17.15亿吨二氧化碳,产生了9200万吨废物。若不改变现状,到2030年这些数字预计将至少增加50%。为推动纺织行业实现"绿色化",推行清洁生产工艺,促进循环经济、绿色经济和低碳经济的发展，中国及"一带一路"沿线国家和地区都做出了不懈努力。近5年，我国纺织业对"一带一路"沿线总投资额约占同期对全球纺织投资总额的80%以上。"一带一路"建设为我国纺织业"走出去"提供新机遇。

澜沧江—湄公河合作是由流域的六个国家（中国、缅甸、老挝、泰国、柬埔寨和越南）共同创建的合作机制，是构建"一带一路"的重要平台。这六国占全球纺织品服装出口贸易额的40%，在纺织服装领域有共同的利益。2016年3月，在澜湄合作首次领导人会议上，公布了《澜湄国家产能合作联合声明》，声明中提到纺织服装业是澜湄区域国家产能合作的优先领域之一。

2.2.1 越南

越南是全球最大的纺织工业地之一，2021年已超过孟加拉国成为世界第二大纺织品服装出口国。为履行越南政府在《联合国气候变化框架公约》第26次缔约方大会（COP26）上宣布到2050年实现净零排放的承诺，越南纺织品服装业和其他经济产业正在努力实现"绿色化"，减少对环境污染的排放。

针对纺织行业消耗大、污染大的现状，越南纺织品服装协会提出了可持续发展的承诺：根据联合国的可持续发展目标，力争到2030年成功实现绿色转型，给劳动者提供就业机会并提高其生活水平等目标。越南纺织品服装协会主席武德江认为，为了实现可持续发展，参与并与全球时装供应链竞争，越南纺织业必须以劳动力质量、技术、劳动生产率、交货时间、透明度、节能、环保等因素提升其竞争力，与此同时还要投资现代化技术，满足有关劳动与环境的国际标准。

为助力越南纺织品服装企业通过有效利用自然资源、能源和管理化学品来减少污染排放，德国国际合作机构（GIZ）和迪卡侬集团（Decathlon）在2022年签署了谅解备忘录，建立纺织品服装业项目（FABRIC），承诺改善越南纺织品服装供应链的环境绩效，在时尚产业供应链中工厂提高应对气候变化能力，有效使用水源和能源，管理化学品等。

为了贯彻经济发展不以牺牲环境为代价，而是与自然和谐相处促进循环这一理念，越南政府出台了第450号决定（450/QD-TTg），批准《2030年越南国家环境保护战略和2050年愿景》。战略的总体目标是防止污染加剧和环境恶化的趋势；解决紧迫性的环境问题；逐步改善和恢复环境质量；防止生物多样性的丧失；提高应对气候变化的能力；确保环境安全，建设和发展循环经济、绿色经济、低碳经济，努力实现到2030年可持续发展的各项目标。具体目标即主动预防和控制导致环境污染和退化的不利影响。重大、紧迫性的环境问题基本得到解决，环境质量逐步得到改善和恢复;加强自然遗产的保护,恢复生态系统;防止生物多样性丧失的趋势;提高适应气候变化的能力,促进减少温室气体的排放量。

越南自然资源与环境部气候变化局局长曾世强在2022年6月16日举行的题为"亚洲——可再生能源大洲"座谈会上发言时强调,随着"棕色经济"到"绿色经济"的转变,能源转型正在实现各项可持续发展目标、到2050年实现净零排放等方面发挥着关键的作用。越南自然资源与环境部也就此提出七点建议:

①可再生能源需要成为一种公共产品,所有人都可以使用并受益,并愿意为此改变职业。

②各国应加强协作配合,共同消除知识产权壁垒等,加大知识共享力度;促进发达国家和发展中国家之间的科研合作与可再生能源技术转让等。

③各国须因地制宜地制定相应的机制和政策,支持企业界加大对可再生能源的投资力度,促进能源转型等。

④各国须制定可再生能源发展、实现净零排放、减少空气污染的目标并将其作为出台能源项目投资发展决定的标准。

⑤各国加大对输电系统的投资力度,以最大限度地发挥风能和太阳能生产的效益;投入必要的基础设施建设,以加快电动汽车、电动摩托车等清洁技术的应用力度。

⑥在努力促进能源转型,挖掘可再生能源发展潜力的同时,各国须采取配套措施来恢复能够抵御气候变化的自然生态系统,推动循环经济的发展等。

⑦区域内各家新闻媒体的共同参与,传递出能源转型紧迫性的信息,让企业界和民众更加了解可再生能源发展给经济、环境和社会带来的效益等。

越南关于纺织行业的清洁生产标准比较少。越南自然资源与环境部副部长武俊仁表示,所有越南的环境标准将是实施2022年初生效的2020年《环境保护法》和该部法律详细规定的基础。

关于纺织行业有关的环境政策和标准见表2-7。

表2-7 越南纺织行业环境标准

标准号	文件	年份	状态
QCTĐHN 04—2014/BTNMT	河内纺织工业废水技术法规	2014	现行
TCVN ISO 14044—2011	环境管理生命周期评估要求和指导原则	2011	现行
Quyết định 73/2009/QĐ-UBND（ItemID:61708）	资源室和区域环境的组织和运作	2009	废止
Quyết định 53/2004/QĐ-TTg（ItemID:20103）	关于一些鼓励高科技行业投资的政策	2004	现行

2.2.2 老挝

为了应对环境问题带来的挑战,老挝政府制定了保护环境可持续发展的政策,例如制定了第八个"五年社会经济发展计划"和二〇三五年远景目标。老挝政府还提出了"到2020年森林覆盖率达到70%"的目标,制定了以预防为主、长期保护和修复相结合的环境保护措施。政府通过实施这些政策,确保生态环境得到充分保护,能够有效利用资源,做好应对自然灾害以及气候变化的准备。

2018年7月,中国生态环境部同老挝自然资源与环境部在万象签署生态环境合作谅解备忘录,将在大气和水质监测能力建设、环境标准制定、人员培训等领域加强合作。老挝政府应意识到,经济增长必须与生态环境保护相协调,高度重视自然资源和环境保护工作,以更积极、认真和负责的态度参与保护生态环境,努力实现经济发展与环境保护协调发展。万象赛色塔综合开发区是中外合作的10个低碳示范区之一,是中老两国应对气候变化的南南合作项目的重要载体。

老挝在环境立法方面比较薄弱,还未建立起完善的清洁生产体系。有关环境的法规主要是1999年在第四届国会第三次全会02号决议通过的《老挝人民民主共和国环境保护法》。

2.2.3 泰国

泰国是世界上为数不多的覆盖上游、中游到下游整个纺织产业价值链的国家之一,泰国纺织行业的出口额最高可达70亿美元,占当年出口额的3%。关于环境保护,泰国政府在第七个全国经济与社会发展计划中就曾提到要解决的环境问题,包括水、空气、噪声污染、固体废物有毒和危险化学品的污染和全球变暖,通过执行"污染者支付"原则来防止企业的水污染。1992年,泰国政府相继颁布《国家环境质量法案》《工厂法案》《危险物质法案》和《节能促进法案》为控制工厂使用危险物质和降低能耗提供法律支撑。

泰国的纺织工业清洁生产计划有:

①中小型企业工业污染控制应用(IPCA)项目。由 Carl Duisberg 公司(CDG)与工业工作司(DIW)、亚洲理工学院(AIT)、朱拉隆功大学和清迈大学合作实施,将为纺织工业提供援助。

②泰国工业联合会工业环境管理计划(IEM)。由美国国际发展局(USAID)资助,向纺织品印染、制浆造纸等行业提供援助。IEM计划以"促进企业中的清洁生产技术与有效环境管理"为核心,以促进工业进行可持续发展。包括泰国工业联合会纺织工业俱乐部和"漂白、染色、印花和精整工业协会"(ATDP)的代

表去往美国、巴西各地考察、学习后确定泰国纺织工业的培训和技术计划，而后向泰国工业部提出新环保建议，建议包括：综合环境法规及自愿措施、污染防治，找到废物最小化和污染控制的平衡。工业部根据建议颁布泰国纺织品染色与精整业的新环境标准。

泰国纺织工业清洁生产示范技术有：

①计算机颜色匹配示范技术。该项目由泰国工业部纺织工业处（TID）与ATDP合作，建立计算机配色系统（CCM），向染色厂提供颜色科学与数据配制的信息，优化染色与印花的配方来降低成本和废物的生成量，为小型染色厂提供援助。

②真空技术示范项目。该项目主要探讨真空技术在提高产品质量的同时节能、削减化学品用量方面的费用和环境优势。该系统已在某些厂家运行，可以实现化学品和能耗降低25%～40%。

③低成本污染预防与废物最小化审计。该项目主要是邀请纺织技术专家在纺织印染厂对具体实施提供可行性建议，削减废水量。

泰国纺织业有关环境的标准见表2-8。

表2-8 泰国有关清洁生产标准

标准号	文件		年份	状态
TIS 2274—2549	织物漂白产品过氧化物型		2006	现行
TIS 14040—2552	环境管理生命周期评估原则与框架		2009	现行
TIS 14040—2552	环境管理生命周期评估要求和准则		2009	现行
TIS 14064.01—2552	温室气体	第1部分：在组织层面指导温室气体排放和清除量化和报告的规范	2009	现行
TIS 14064.02—2552	温室气体	第2部分：在项目层面指导温室气体减排或清除增强量化监测和报告的规范	2009	现行
TIS 14064.02—2552	温室气体	第3部分：有关温室气体声明验证和验证指导的规范	2009	现行
TIS 14015—2554	环境管理场地和组织的环境评估（EASO）		2011	现行

2.2.4 印度

印度是世界最大的产棉国、最大的黄麻生产国、全球第二大丝绸生产国。纺织服装行业既是印度经济的主导细分市场之一，也是印度最大外汇收入来源之一，印度每年出口的纺织品占整个出口份额的四分之一。印度现行的环保法规主要是

1986年颁布的《环境保护法》以及有关的附属法规。《环境保护法》中规定禁止纺织品中使用有害染料，纺织品在进口前也需要认证申明不含偶氮染料。1991年，印度议会通过了一项自愿性生态标签项目：生态标签（eco mark）。该标签鼓励公众购买环保产品，极大改善环境并鼓励对资源的可持续利用。1993年，联合国工业发展组织（UNIDO）与印度国家生产力委员会开展"小工业削减废物示范"项目。该项目被运用于印度多家纺织印染单位，发现废物最小化办法能够使生产方式合理化、生产程序标准化。

2006年，印度计划委员会起草了《能源综合政策报告》，明确提出要采用新能源技术，提高能源生产和利用效率。2007年，印度成立"总理气候变化委员会"，用以协调和气候变化评估的相关工作。2008年，印度推出《国家应对气候变化计划》，提出提高资源能源效率计划、绿色印度计划，同年推出新的国家能源安全政策，倡导使用清洁、可再生资源。2010年，印度环境和森林部发布《印度应对气候变化行动》，提出了14项具体措施以应对气候变化。

印度有关清洁生产的环境标准见表2-9。

表2-9　印度有关清洁生产的标准

标准号	文件	年份	状态
IS 13967—1993	environmental management systems 环境管理体系	1993	废止
IS/ISO 14040—1997	environmental management – life cycle assessment – principles and framework 环境管理 – 生命周期评估 – 原则和框架	1997	现行
IS/ISO 14042—2000	environmental management – life cycle assessment – life cycle impact assessment 环境管理 – 生命周期评估 – 生命周期影响评估	2000	废止
IS/ISO 14043—2000	environmental management – life cycle assessment – life cycle interpretation 环境管理 – 生命周期评估 – 生命周期解释	2000	废止
IS/ISO 14015—2001	environmental management – environmental assessment of sites and organizations（EASO） 环境管理 – 网站和组织的环境评估（EASO）	2001	现行
IS/ISO 14040—2006	environmental management – quantitative environmental information – guidelines and examples 环境管理 – 生命周期评估 – 原则与框架	2006	现行
IS/ISO 14044—2006	environmental management – life cycle assessment – principles and framework 环境管理 – 生命周期评估 – 要求和指南	2006	现行

续表

标准号	文件	年份	状态
IS/ISO 14064-1—2006	greenhouse gases　part 1: specification with guidance at the organization level for quantification and reporting of green house gas emissions and removals 温室气体　第1部分　规范与组织层面的指导用于量化和报告温室气体排放和排放	2006	现行
IS/ISO 14064-2—2006	greenhouse gases　part 2: specification with guidance at the project level for quantification, monitoring and reporting of greenhouse gas emission reductions or removal enhancements 温室气体　第2部分　温室气体排放量减排或去除增加量化监测和报告项目层次指导	2006	现行
IS/ISO 14064-2—2019	greenhouse gases　part 2: specification with guidance at the project level for quantification, monitoring and reporting of greenhouse gas emission reductions or removal enhancements first revision 温室气体　第2部分　温室气体减排或去除增强量化监测和报告项目级指南规范第1版	2019	现行

2.2.5 俄罗斯

在苏联时期，俄罗斯纺织服装业全球领先，纺织和服装制品的产量曾位居全球第二。虽然随着苏联解体后，俄罗斯由于社会经济动荡，纺织业进入极度衰败阶段，但进入21世纪，俄罗斯的纺织服装行业开始复苏。俄罗斯作为"一带一路"沿线最大的国家，不仅是中国新时代全面战略协作伙伴，更是中国实施出口市场多元化和"走出去"战略的重要国家。1994年，中华人民共和国政府和俄罗斯联邦政府签订环境保护合作协定，双方要在包括清洁生产工艺和技术等环境保护领域展开合作。长期以来，俄罗斯经济严重依赖石油、天然气出口，不平衡的资源开发为俄罗斯带来严重的污染问题，因此俄罗斯开始注重向绿色经济转型，积极开发清洁能源技术。在《2008—2020年国家社会生态发展长期规划》中，俄罗斯将提高能源效率作为本国发展绿色经济的首要目标。2008年，俄罗斯颁布"关于提高能源及生态效率"联邦总统令，以法律的形式提出绿色经济发展。2009年，俄罗斯通过了《俄罗斯联邦2030年前能源战略》，明确提出新能源发展的具体目标和扶持政策。

俄罗斯有关清洁生产的标准见表2–10。

表 2-10 俄罗斯有关清洁生产的标准

标准号	文件	年份	状态
GOST R ISO 14001—1998	环境管理体系规格使用指南	1998	废止
GOST R ISO 14040—1999	环境管理生命周期评估原则和框架	1999	废止
GOST R ISO 14042—2001	环境管理 生命周期评估 生命周期影响评估	2001	现行
GOST R ISO 14043—2001	环境管理 生命周期评估 生命周期解释	2001	现行
GOST R 14.09—2005	生态管理领域生态管理风险评估领导	2005	现行
GOST R 14.13—2007	生态管理工业生态环境监测中工业对环境的综合影响评估	2007	现行
GOST R ISO 14044—2007	环境管理生命周期评估要求和指导原则	2007	废止
GOST R ISO 14015—2007	环境管理环境评估现场和组织法规	2007	现行
GOST R ISO 14064-1—2007	温室气体 第1部分：在组织层面的指导定量和报告温室气体排放和清除量	2007	废止
GOST R ISO 14040—2010	环境管理生命周期评估原则和框架	2010	现行
GOST R 54134—2010	环境管理组织保障申请和风险评估指导温室气体排放	2010	现行
GOST R ISO 14006—2013	环境管理体系引入生态设计指南	2013	现行
GOST R ISO 14045—2014	环境管理产品系统的生态效率评估原则要求和准则	2014	现行
GOST R 56269—2014	环境管理生命周期评估关于如何应用ISO 14044 影响评估情况的说明性例子	2014	现行
PNST 330—2018	"green" standards main provisions and principles "绿色"标准主要规定和原则	2018	现行
PNST 331—2018	"green standards" "green" products and "green" technologies classification "绿色标准"绿色产品和绿色技术分类	2018	现行
PNST 329—2018	"green" standards "green" products and "green" technologies conformity assessment on "green" standards general rules "绿色"标准绿色产品和绿色技术 "绿色"标准的符合性评估一般规则	2018	现行
GOST R ISO 14044—2019	environmental management life cycle assessment requirements and guidelines 环境管理生命周期评估要求和准则	2019	现行

2.3 我国纺织行业清洁生产实施进程及现状

2.3.1 企业层面

2001年9月21日，国家环保总局发布关于开展清洁生产审计机构试点工作的通知，涉及纺织服装制造业。

2002年1月9日，国家环保总局发布关于公布清洁生产审计试点单位并开展试点工作的通知，46家单位作为清洁生产审计试点单位，其中纺织服装制造业涉及的单位有北京纺织环境保护中心、广州市环境科学研究所、湖北省环境科学研究院、上海市绿色工业促进会。

2002年6月29日，第九届全国人民代表大会常务委员会第二十八次会议审议通过了《中华人民共和国清洁生产促进法》，并于2003年1月1日起实施。

2004年8月16日，国家发展和改革委员会（后简称国家发展改革委）联合国家环境保护部发布《清洁生产审核暂行办法》，并于2004年10月1日起实施。

2005年12月13日，国家环保总局发布《重点企业清洁生产审核程序的规定》。

2008年7月1日，国家环境保护部发布关于进一步加强重点企业清洁生产审核工作的通知，公布《重点企业清洁生产审核评估、验收实施指南（试行）》，正式确立了清洁生产审核评估与验收制度。

2008年10月27日，国家环境保护部发布关于征求《工业清洁生产审核指南制订技术导则》意见函。

2009年3月25日，国家环境保护部发布《清洁生产审核指南制订技术导则》（HJ-469—2009），并于2009年7月1日起实施。

2012年2月29日，第十一届全国人民代表大会常务委员会第二十五次会议决定对《中华人民共和国清洁生产促进法》做出修改，并于2012年7月1日起实施。

2016年，国家发展改革委、国家环境保护部发布《清洁生产审核办法》，于2016年7月1日起正式实施，同时废止《清洁生产审核暂行办法》。

2017年6月2日，国家环境保护部办公厅、国家发展改革委办公厅联合发布关于征求《清洁生产审核评估、验收指南（征求意见稿）》意见函，发布《清洁生产审核评估、验收指南（征求意见稿）》。

2018年4月12日，国家生态环境部和国家发展改革委联合印发《清洁生产审核评估与验收指南》。

《重点企业清洁生产审核评估与验收实施指南（试行）》与《清洁生产审核评估与验收指南》相比有如下进步：

①将评估与验收做出了有效区分。指南对评估强调，在企业基本完成清洁生产无、低费方案，在清洁生产中、高费方案可行性分析后和中、高费方案实施前的时间节点，开展清洁生产审核评估工作；对验收强调在企业实施完成清洁生产中、高费方案后，对已实施清洁生产方案的绩效、清洁生产目标的实现情况及企

业清洁生产水平进行综合性评定，并做出结论性意见。两者在时间段上有所区分。

②提高评估与验收内容的专业性、技术性和可操作性。指南在清洁生产审核评估、验收的技术内容及要求方面增加了清洁生产审核评估与验收的标准及具体指标要求；在评估与验收专家组成员的具体遴选要求方面增加了至少1名清洁生产方法学专家、1名环境保护专家和1名行业专家的要求。

③取消企业评估、验收的前置条件。《重点企业清洁生产审核评估与验收实施指南（试行）》要求企业主动申请开展评估、验收工作，指南取消了该要求，与《清洁生产审核办法》保持一致。

④强化了评估、验收专家队伍能力建设，提出评估与验收组织部门应对评估、验收专家开展相关培训等要求。

由于《中华人民共和国清洁生产促进法》（2002年版）、《清洁生产审核暂行办法》（2004年版）均已修订或废止，目前清洁生产审核工作以最新颁布的《中华人民共和国清洁生产促进法》《清洁生产审核办法》及《清洁生产审核评估与验收指南》（环办科技〔2018〕5号）等文件为准。

除了国家外，一些地方也在积极制定有关清洁生产审核的标准，例如：

2012年7月1日，河北省质量技术监督局发布《清洁生产审核评估和验收技术导则》（DB13/T 1579—2012），并于2012年8月15日实施，2021年1月21日被DB13/T 1579—2012代替，新标准于2021年2月21日实施。

2013年12月20日，北京市质量技术监督局发布《工业企业清洁生产审核报告编制技术规范》（DB11/T 1040—2013），并于2014年4月1日实施。

2015年1月28日，北京市质量技术监督局发布《工业清洁生产审核技术通则》（DB11/T 1156—2015），并于2015年5月1日实施，2021年9月24日被DB11/T 1156—2021代替，新标准于2022年1月1日实施。

2015年5月7日，浙江省质量技术监督局发布《清洁生产审核技术要求》（DB33/T 969—2015），并于2015年6月7日实施。

2015年10月12日，湖南省质量技术监督局发布《工业企业自愿性清洁生产审核报告编制技术规范》（DB43/T 1129—2015），并于2015年12月12日实施。

2016年8月10日，北京市质量技术监督局发布《工业企业清洁生产审核物料平衡技术导则》（DB11/T 1346—2016），并于2016年12月1日实施。

2.3.2 园区层面

生态园区建设一直是我国生态文明建设的重要部分。国家环境保护部（国家环境总局）早在 2006 年和 2009 年分别发布《行业类生态工业园区标准（试行）》（HJ/T 273—2006）和综合类生态工业园区标准（HJ 274—2009）推动生态工业园建设，而后 2015 年国家环境保护部发布《国家生态工业示范园区标准》（HJ 274—2015）替代上述两个标准，规范国家生态工业示范园区的建设和运行。

近十年来，我国兴起了一批围绕着"绿色"建设的纺织工业园区，下面举例说明。

广东佛山的高明秋盈纺织生态科技产业园，主要从事纺织上游产业链服务业务，预计年产值可达 18 亿元。该产业园以打造"生态+、互联网+、智能+"的生态科技纺织城为目标，以"集约用地，产业集聚发展"为理念，致力打造绿色低碳可循环纺织示范园区。据悉，纺织园内的水质处理中心引入全国创新水处理技术，实现集中供水，污水处理及回用，生产废水回用率可达 70%。同时产业园将依托 5G、大数据分析等技术形成产业循环链，促进产业升级转型、高质量发展。

2022 年 4 月 14 日，华港纺织集团工业园区在福州长乐华港纺织集团宏港纺织工业园投运。这是福建省首家智慧能源纺织工业园区，聚焦清洁能源应用、绿色出行、节能减碳等项目，积极响应国家"碳达峰、碳中和"战略，致力于打造零碳工厂。据悉，该工业园建设总装机容量约 10 兆瓦的屋顶分布式光伏电站，年发电量约 1000 万千瓦时，预计可减少二氧化碳排放约 9880 吨。同时，该项目融合互联网、大数据、云计算、人工智能等技术，集中监测和管理园区内电力、蒸汽等能源消耗，并采用合同能源管理等灵活商业模式对企业重要生产动力设备进行节能改造，实现降本增效。项目依托开发客户侧智慧能源管理系统，实现能源转化、互补，减少化石燃料使用量和碳排放量，企业综合能效提升 16.5%，推动园区持续高质量发展。

常安现代纺织科技园是海安市与常熟市 2012 年在海安经济技术开发区共建的江苏省"南北共建园区"，2019 年被列为江苏省产业园区生态环境政策集成改革试点园区，目前该园区已有 7 个 20 亿元项目落户。2021 年园区推进污染物排放限制管理工作，开发智能化管理中心，对区域环境进行监控，园区环境得到有效改善。与此同时，园区建立企业综合效绩评价办法，实行排污指标、排污成本"双差别化"管理，根据考核结果对园区企业进行差别化扶持工作。考核结果为 A 类的企业，蒸汽和水处理费用可减少 5%，考核结果为 C、D 类的企业，蒸汽和水处理费用分别增加 5% 和 10%，用机制倒逼企业节能减排。园区始终以高质量发展和生态环境持续改善为目标，将不断提升环境基础设施建设，努力探索生态环境治理新途径。

2.3.3 国家层面

生态文明建设是中国特色社会主义的重要任务，关乎"两个一百年"奋斗目标和中华民族伟大复兴中国梦的实现。2015年4月25日，中共中央国务院发布关于加快推进生态文明建设的意见，出台一系列重大决策部署，推动生态文明建设取得了积极成效。2015年5月14日，环境保护部召开加强生态文明建设座谈会积极贯彻学习习近平总书记对生态文明建设的指导意见。2016年12月22日，中共中央办公厅印发《生态文明建设目标评价考核办法》，要求各地认真贯彻学习。

2020年9月22日，在第七十五届联合国大会上，国家主席习近平宣布中国力争2030年前二氧化碳排放达到峰值，努力争取2060年前实现碳中和目标，我国正式开启"双碳"目标。在这之后，中国政府出台多项政策助力碳达峰、碳中和目标顺利实现。

2021年2月2日，中共中央国务院发布《关于加快建立健全绿色低碳循环发展经济体系的指导意见》，要求坚定不移贯彻新发展理念，建立健全绿色低碳循环发展的经济体系，确保实现碳达峰、碳中和目标，推动我国绿色发展迈上新台阶。2021年3月15日，习近平总书记主持召开中央财经委员会第九次会议，其中一项议题：研究实现碳达峰、碳中和的基本思路和主要举措。这次会议明确了碳达峰、碳中和工作的定位，为今后5年碳达峰工作做出规划。

2021年9月22日，中共中央国务院发布《关于完整准确全面贯彻新发展理念做好碳达峰碳中和工作的意见》，在总体要求中提到要把碳达峰、碳中和纳入经济社会发展全局，坚持"全国统筹、节约优先、双轮驱动、内外畅通、防范风险"原则，以实现碳达峰、碳中和目标。2021年10月12日，国家主席习近平以视频方式出席《生物多样性公约》第十五次缔约方大会领导人峰会并发表主旨讲话，并表示中国将构建起碳达峰、碳中和"1+N"政策体系。2021年10月24日，国务院发布《2030年前碳达峰行动方案》，并且提出"碳达峰十大行动"以此推动社会转型，顺利实现2030年前碳达峰目标。2022年6月10日，生态环境部等部门联合印发《减污降碳协同增效实施方案》，标志着我国减污降碳协同治理工作迈入了新征程。

在生态文明建设和"双碳"目标下，纺织行业整体在绿色产业转型过程中做出了不懈努力。

2.3.3.1 推动水资源节约和污染防治建设

纺织印染企业是排污用水用能的密集产业，为此纺织印染行业开展大量的节能减排工作。例如，中国印染协会每年都会开展环保年会、四新会，定期发布先进技术推荐目录，开展现场推广活动，开展职工培训等。

"十三五"期间，印染行业单位产品水耗下降 17%，水重复率由 30% 上升到 40%。纺织行业废水排放量、主要污染物排放量累计下降幅度均超过 10%。其中，印染行业机织物单位产品水耗由 1.8 吨水 /100m 下降到 1.5 吨水 /100m，下降幅度为 17%；针织物单位产品水耗由 110 吨水 / 吨下降到 95 吨水 / 吨，下降幅度为 14%，单位产品综合能耗下降近 15%。印染行业在"十三五"期间绿色发展稳步推进。

我国对印染行业水污染问题一直非常重视，早在 2001 年 8 月 8 日，国家环保总局就发布《印染行业废水污染防治技术政策》，以此指导企业进行印染废水污染防治工作。在 2021 年 5 月 12 日，生态环境部在 2016 年 9 月中国纺织工业联合会发布的《纺织工业"十三五"科技进步纲要》中就介绍了以下节水印染技术来解决纺织行业水污染大的问题：

①针织物平幅印染加工技术。针织物平幅印染加工技术，与绳状间歇式印染加工相比，平幅连续印染加工可实现节水 60%、节能 50%、减少染化料助剂 15%~25%，节约工资成本 25%，织物染色均匀性高、织物表面更光洁。目标到 2025 年针织物活性染料冷轧堆染色得到普遍采用。针织物活性染料轧蒸染色技术得到规模化推广，针织物还原染料平幅染色技术得到产业化应用。

②新型纱线连续涂料染色技术。新型纱线连续涂料染色技术，创造性地将多种现代物理技术应用于纱线处理，节水减排降耗效果显著。目标到 2025 年推广 1 万吨。

③等离子体前处理技术。传统的织物退浆工艺（如棉织物等）需要经过退、煮、漂等多种工序，加工工序长，生产效率低，而且需要消耗大量水、能源和化学药品，同时产生大量的废水。在印染前处理过程中，等离子体技术能够改善织物的退浆、精练，提高前处理效率。目标到 2025 年形成产业化。

④非水介质染色技术。采用非水介质染色，可以从源头制止污染、减少反应副产物。重要的非水介质染色技术包括非水介质非均相染色、有机溶剂染色和超临界二氧化碳染色等。目标到 2025 年形成产业化技术，建成 1 万吨 / 年产能，扩大其在市场中的份额。

2.3.3.2　加快绿色化改造，实现废纺资源化利用

以再生纤维为例。我国纤维加工量 5000 多万吨，其中约 15% 为再生纤维。对于废弃的纺织纤维，由于收集困难，处理回用成本较高，难以实现循环利用。经过行业的不断努力，"十三五"期间，我国循环再利用化学纤维供给能力显著提升。2016 年以来，共有 251 种绿色设计产品、91 家绿色工厂、10 家绿色供应链企业、

11家绿色设计示范企业被工信部列入绿色制造体系建设名单中。中国纺织工业联合会2020年12月成立了中国纺织服装行业全生命周期评价工作组，在有关部门指导和技术机构支持下，支持首批10家重点品牌企业和50家制造企业进行绿色低碳技术研发推广和应用。

2016年9月，中国纺织工业联合会发布的《纺织工业"十三五"科技进步纲要》中介绍了利用再生纤维技术来解决纺织品回收利用再生问题：

①桑蚕丝循环再生使用。大量桑蚕丝素纤维制品面临着使用后难以回收的问题，桑蚕丝素纤维循环再生技术利用桑蚕丝素基元纤组合自组装理论，经湿法纺制成力学性能和天然桑蚕丝素纤维相近的长丝纤维或静电纺成亚微米纤维。目标在2025年形成产业化技术，扩大其在衣料、家纺、医卫等领域的应用。

②高质化再生聚酯纤维生产技术及装备。我国再生化纤产能虽然已超过800万吨/年，但产品品质一般，同质化严重。再生聚酯原料目前主要来源于废旧聚酯涤纶生产中的废丝等。在未来希望进一步研究短流程的连续化醇解、缩聚涤纶纤维生产技术，利用梯度回收提纯与聚合增黏技术，探索环保型催化剂，提高废聚酯解聚率和单体产率，优化工艺，降低生产成本。目标在2025年进一步提升产品的功能性、差别化，将产品差别化率提高到60%以上。

③复合材料循环利用技术。使用后的聚合物基复合材料在处理过程中会产生一系列大气、土壤环境问题，复合材料的再生和循环利用，就成了解决其环境问题的有利方法。目前我国在均质化、高黏化聚合物原料回收技术方面等已有一定的基础，在再生纤维素纤维生产方面，已形成良好的工艺体系，需进一步研究复合材料废弃物处理技术。目标在2025年突破产业化关键技术，形成回收体系，多领域推广应用。

2.3.3.3 加强企业社会责任建设

2005年，中国纺织行业常设性的社会责任推广机构——中国纺织工业联合会社会责任推广办公室正式成立，发布了中国纺织行业社会责任管理体系CSC9000T，推动中国行业社会责任实践发展。从提出可持续发展的创新先锋路线图，构建CiE大数据系统探索纺织产品全周期减污措施，到开展化学品管理体系（CMS）和社会责任审查（BSCI）项目，中纺联一直积极引导企业开展安全生产标准化建设，提升全行业安全生产管理水平。2015年，中纺联开展"中国纺织生态文明万里行"活动，在活动中不仅探索出了一套适合纺织行业生态文明示范创建的"1+5"评价体系和推行模式，更增加了纺织企业的凝聚力，为推进生态文明建设贡献纺织力量。

第3章 纺织工业清洁生产技术与实施

3.1 适合向"一带一路"沿线国家和地区转移的清洁生产技术

3.1.1 羊毛清洗与油脂同步回收技术
3.1.1.1 技术原理

在羊毛清洗过程中,砂砾等污垢沉淀在清洗槽的底部,而目前清洗槽底部通常是漏斗状的,污泥在重力的作用下可以通过阀门从底部排出。阀门的控制和开启可自动控制,也可以通过浊度计实时监测悬浮液浓度控制。清洗槽斗底部的出水进入重力分离的沉淀池,沉淀液一部分再循环至清洗槽1,一部分排出。一般在沉淀池中添加絮凝剂以加速颗粒的分离,或使用离心机或水力旋流器去除颗粒物。

清洗槽的侧罐中收集从羊毛清洗水中提取的富含羊毛脂的液体,收集后将部分液体通过泵输送送至前一个清洗槽,最后再泵送至油脂离心机。离心机将液体分为三层,上层称为乳脂,富含油脂,并通过二级离心机进一步脱水,最终生成无水油脂;底层污泥含量高,进入重力分离沉淀池。底层污水与进水相比,油脂和污垢都有所减少,底层污水一部分回收到清洗槽1中,另一部分被排出。上述羊毛脂回收流程可以进行改进,清洗水可以从槽底部或从顶部和去除,并且通过除污设备和油脂离心机,可将污泥和油脂的去除和回收结合在一起。

一些企业也可以回收清洗水(图3-1),可以从第一个清洗槽的出水进行物化处理,作为最后一个清洗槽的进水。物化处理一般采用通水力旋流器或膜分离技术。

3.1.1.2 技术优势

以上工艺,与常用的逆流漂洗的传统洗毛厂的耗水量相比,以 5~10L/kg 原毛为例,耗水量减少25%~50%,此外,也可生产高值的副产品——羊毛润滑脂。洗涤剂和助剂消耗量的减少后,污水中的悬浮物转化为沉淀污泥,减少送往废水处理站的负荷,减少后续处理废水的能耗和化学药剂。使用该技术后,处理15000~25000吨/年原毛的洗毛企业成本将在400万~800万元,投资回收期为2~4年。

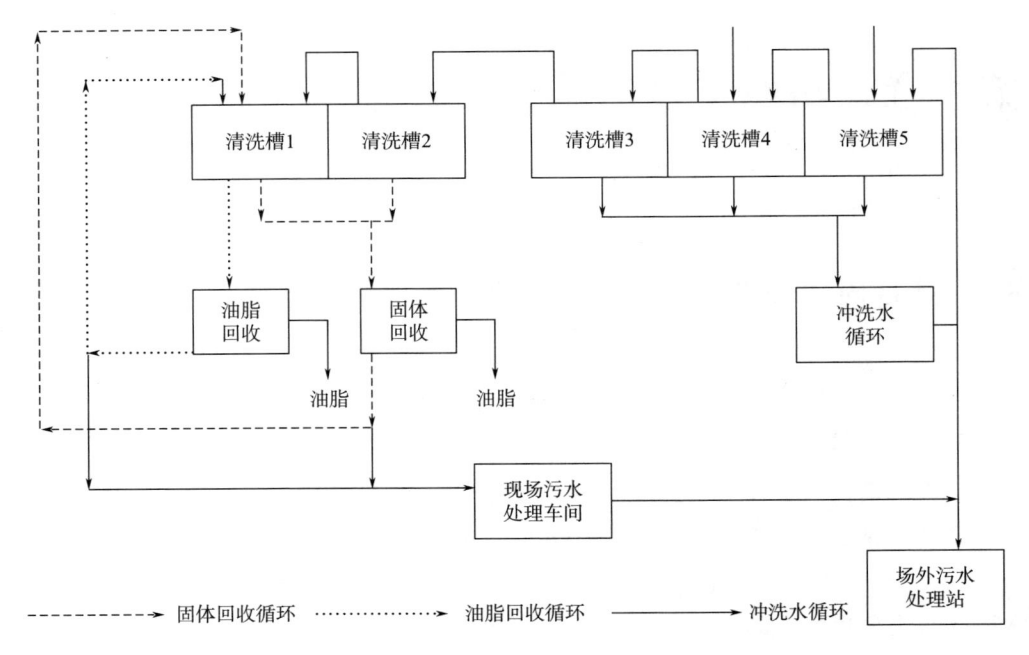

图 3-1　羊毛清洗与油脂同步回收技术路线图

3.1.2　印染技术

3.1.2.1　前处理工段

（1）生物酶前处理技术

生物酶前处理技术采用的多功能生物酶具有高选择性和渗透性，可有效去除棉籽壳和蜡质等杂质。该技术将传统退煮漂工艺流程缩短，碱使用量减少，适用于纯棉和涤棉混纺织物的前处理，不需要在常规精练处理中使用氢氧化钠。此外，与传统程序相比，酶精练工艺的环境效益见表3-1。酶精练工艺可应用于纤维素纤维及其混合物，用于机织物和针织物的连续和非连续工艺。采用酶退浆时，可与酶精练相结合。该工艺可用于喷射、溢流、绞车、垫料、垫蒸汽和垫辊设备。在核算总成本时，性价比是相当可观的。

表3-1　酶精练工艺的环境效益

项目	酶精练	酶精练+过氧化氢+低浓度碱的漂白
减少冲洗水消耗	20%	50%
BOD负荷减少	20%	50%
COD负荷减少	20%	50%

（2）冷轧堆前处理技术

冷轧堆前处理技术，又称短流程工艺，是针对不同织物一次性通过投加不同复合型的高效退浆剂和高效煮练剂等，将前处理工段合并完成，再经漂洗完成前处理，适用于纯棉织物、棉麻混纺织物、化纤织物和化纤混纺织物的前处理。该工艺总体不增加化学助剂成本，同时可减少新鲜水用量30%~60%。一般将工艺流程分为三个阶段：第一阶段完成织物对处理液的吸附和扩散；第二阶段处理液对织物上的杂质、色素进行溶胀、乳化、分解、氧化、增溶；第三阶段对水解、乳化杂质与氧化残留物的清洗。以这三个阶段的方法可分为两种工艺流程：

①进布→浸轧工作液→包覆→堆置→水洗

②进布→浸轧工作液→包覆→堆置→汽蒸→水洗

主要技术优势见表3-2和表3-3。

表3-2　常规氧漂工艺与冷轧堆前处理工艺的白度以及着色率比较

测试项目	A	B	C1	D1	C2	D2
明暗度 L	93.46	0.14	56.25	−0.30	22.69	−0.33
红绿色 a	−0.47	−0.09	−0.24	−0.43	0.60	−0.09
黄蓝色 b	3.96	−0.05	−0.31	−0.17	−1.26	0.19
彩度（饱和度）c	3.99	−0.04	0.39	0.43	1.39	−0.21
色调角 h	96.75	0.09	232.09	−0.16	295.42	0
总色差的大小 ΔE		0.14		0.71		0.38

注　A为常规氧漂样，B为冷轧堆前处理样与常规氧漂样的差值，C1为浅灰色氧漂后染色样，D1为浅灰色冷轧堆前处理后染色样与氧漂后染色样的差值，C2为深灰色氧漂后染色样，D2为深灰色冷轧堆前处理后染色样与氧漂后染色样的差值。

表3-3　传统煮漂工艺与冷轧堆前处理工艺的综合比较

工艺	传统煮漂前处理	冷轧堆前处理
蒸汽消耗/t	3	0.3
水消耗/t	40	16
电消耗/（kW·h）	100	22
污水排放/t	40	16
COD排放/（mg·L^{-1}）	4500	2200
处理程度	剧烈，不够均匀	温和，白度均一
纤维强度	纤维强度下降，损耗高	纤维强度高，损耗低2%

续表

工艺	传统煮漂前处理	冷轧堆前处理
布面	摩擦大，毛羽多，不光洁，褶皱多，处理手感僵硬板结	布面光洁，平整，手感柔软蓬松
染色重现性	染色重现性不够理想	染色一致，重现性高，染色缸差小
产量	占缸生产，染色产量2轮/天	不占缸生产，染色产量3轮/天

注 表中各数据均为吨布数据。

3.1.2.2 染色与印花工段

（1）气流染色技术

气流染色技术是将高速气流和染液分别注入喷嘴后形成雾状微细液滴喷向织物，使得染液与织物充分接触以达到均匀染色的目的。该技术浴比小，染液循环频率高，一般织物浴比为1：（3.5～4），对纯棉织物染色基准排水量为40～45m^3/t产品，气流染色排水量仅相当于传统液流染色排水量的20%～30%。

（2）气液染色技术

气液染色技术以循环气流牵引织物进行循环染色，通过组合式染液喷嘴，使染液与被染织物充分接触进而实现染色。气液染色技术操作简单，织物浴比为1：（2.5～4），节能效果显著。气液染色机比气流染色机能耗低，且比溢流、喷射染色机浴比小，适用面料品种较多，可柔性化生产，提高了织物的匀染性，敏感色的染色效果较好。该技术适用于纯棉和涤棉混纺织物的染色。

（3）匀流溢染染色技术

匀流溢染染色技术是在超低浴比条件下实现织物纤维的染色过程。匀流染色机在染机主缸底部增加横向循环泵，加速染液间的交换速度和频次，该工艺过程的染化料稀释、溶解效果可达到传统染色机的8倍。小浴比匀流染色浴比为1：（4～4.5），基准排水量为每产品25～50m^3/t，可节约水和蒸汽的用量。

（4）无导布轮喷射染色技术

无导布轮喷射染色技术适用于天然纤维或合成纤维、弹性纱和新合成纤维等材料的坯布染色工序。该技术通过染色机的染液匀染装置、布槽变载调节装置等，使织物循环运转，采用液体喷射带动，无须主动导布轮带动织物，可减少织物折印和布面擦伤，染色重现性高，织物表面质量好，可以减少20%的电力和冷却水消耗。

（5）涂料染色技术

涂料染色技术是一种将不溶于水的颜料用黏合剂固着在织物上的特殊染色技

术，可分为涂料轧染和涂料浸染，涂料染色适用于各类纤维的染色加工，具有色谱选择广泛、能耗低、基本不产生废水等优点。相比于天然染料，涂料染色技术具有染色色谱齐全、日晒验收固定好等特点，且在染色后可以经过水洗工序，使工序更短、更节水、能耗与成本更低。此外该技术也具有成品色泽鲜艳、拼色方便等优势，是一种较为绿色环保的染色技术。因此，相比于常规的色织产品，运用了涂料染色技术的产品生产成本可节省 1/3 以上，同时营销表明其售价与销售利润也可分别提高 15% 和 30%。此外，考虑到我国水资源匮乏的问题，采用节能节水少污染的印染工艺将势在必行。目前，国外发达工业国家应用的涂料染色已占整个织物染色的 50% 以上，因此该技术具有极强的市场应用价值。

（6）数码喷墨印花

喷射印花技术是一种将颜色深深注入织物表面的技术，在印花过程中需要将染料残留量减少到最低限度，而喷墨印花采用了"按需配色"的原理，这意味着这种工艺不需印刷浆料准备阶段，即在每次运行结束时都不用清洗染料残留物和印刷膏准备槽。该技术适用于地毯和膨松织物，但并不适用于如纺织品整理部门等印刷的轻薄织物。在印花后织物通常需先干燥，然后进行固定，最后再对织物进行清洗和整理，为此这需要一类对织物有亲和力的染料。汽巴、戴斯达和布鲁克莱恩等公司已经开发出了酸性、活性和分散染料印花，并且最近由这些公司研发的颜料配方也已问世。目前数码喷墨印花现已有了很大改进。虽然喷墨印花技术的生产速度仍然很低，且全面取代传统模拟印花技术还需要很长时间，但它在小于 100m 的生产运行中已发挥了显著的优势，其中模拟印刷中产生的系统损耗已经与织物上印刷的浆料量相当，有时甚至可以超过浆料量。

3.1.2.3 整理工段

（1）泡沫整理技术

泡沫整理技术是将整理液发泡后施加于织物表面并透入织物内部的一种整理加工方式。该技术以空气取代水，具有可节约染料用量、减少污染物和废水排放，提高烘干效率等优点，并且在整理过程中仅产生少量工作液，多数情况可回用。相比浸轧工艺，织物带液率可由 60%~80% 下降到 20%~40%，用水量降低 50% 左右，染化料和助剂用量降低 30% 左右，在烘燥环节可节能 40% 左右。该技术适用于印染后整理中柔软、树脂、涂层和特种整理等。由于该技术能正确定位织物上的染化药剂，使得药剂用量减少，进而使生产成本下降、产品质量提高、织物风格改善，并且节能环保。同时，该技术并不会仅限于对织物的整理与涂层，其应用将会拓展到对织物的染色加工。相比于常规加工方法，泡沫整理技术避免了由于过高轧车压力所导致的纺织品纱线间的微真空状态，从而使手感更柔软，节约了染化料和热能，减少了工艺过程中的废水量。此外，该技术还具有降低蒸发过程中染化料泳移、提高生产车速、节约助剂和减少废水排放等诸多优点（表3-4）。

表3-4 技术的参数与对应含义

参数	具体含义
液体流量	每分钟施加在布面上的助剂总量
鼓风率	气体与液体的比率
气体流量	计算正在混合化学助剂形成泡沫的空气量
搅拌速度	空气与化学助剂形成泡沫的搅拌速度，可在0～100%之间设定

（2）连续漂洗技术

目前，大多数精加工过程都包括水洗和漂洗这两个阶段，在连续操作模式下，经染色、印花后再进行水洗的水耗都会高于印染工序本身。逆流漂洗和减少结转是目前现代水洗设备采用的两个基本方法。逆流漂洗原理是指从最后一次洗涤中污染最少的水被重复用于上一次洗涤，以此类推，直到所用水到达第一次洗涤阶段后被排出。垂直逆流水洗机是一种具有内部逆流和循环功能配置的水洗设备，特点是将循环水喷到织物上，并使用滚轮将废物通过织物挤压到水中，进行过滤和循环。该结构可以实现高效洗涤和低量用水，且由于需要加热的水减少，使得对应的能源消耗大幅减少。

减少结转是另一种节水方法。由于未被去除的含污染物的水会被带至下一步骤，这会导致洗涤效率低下。在连续洗涤操作中，使用挤压辊或真空抽吸机对减少拖拽和结转会更有效。在连续水洗机上引入并安装热回收设备简单且有效，因为进水和出水是相匹配的，因此也不再需要额外的储罐进行中转（表3-5）。

表3-5 棉或混纺宽幅机织物整理过程中连续漂洗用水量水平

步骤		水耗量/(L·kg^{-1})	
		共计	热水占比
预处理过程	洗脱水	3～4	3～4
	洗后冲刷	4～5	4～5
	洗后褪色	4～5	4～5
	冷漂后洗涤	4～6	4～6

续表

步骤		水耗量/(L·kg^{-1})	
		共计	热水占比
聚合后清洗	清洗以去除氢氧化钠	4~5（热）	4~5
	无干燥的中和	1~2（冷）	n/a
	中和干燥	1~2（温）	<1
染色后清洗	活性染料	10~15	4~8
	还原染料	8~12	3~7
	硫化染料	18~20	8~10
	萘酚染料	12~16	4~8
印刷后清洗	活性染料	15~20	12~16
	还原染料	12~16	4~8
	萘酚染料	14~18	6~10

注 n/a, not available, 数据暂无。

3.1.3 废水膜法再生利用技术

膜是具有选择性分离功能的材料，利用膜的选择性分离功能实现料液不同组分的分离、纯化、浓缩的过程称作膜分离。膜分离技术作为纺织工业废水脱盐及再生回用的重要技术，可提高废水回用率，减少废水排放量。印染废水回用的膜分离技术通常采用微滤、超滤、纳滤和反渗透。微滤技术是膜分离技术中较早产业化的一种技术，其用微滤膜这一均匀的多孔薄膜作为过滤介质对粒径较大的颗粒进行截留。超滤的推动力是压力差，该技术的原理是对溶液进行科学的分离以及压缩，将悬浮物深度过滤而有效清除水生生物、有害重金属离子等。纳滤是一种介于反渗透和超滤之间的压力驱动膜分离过程。反渗透膜分离技术是利用反渗透膜的选择透过性，以膜两侧的压差为动力，使溶剂透过而截留溶质实现浓液和清液的分离技术。反渗透膜的性能是影响反渗透过程效率的决定因素。

相较于其他分离技术，超滤系统简单、操作方便、占地小、投资省、出水质优，可满足各类反渗透、纳滤装置的进水要求。纳滤与超滤或相比，虽然对单价离子和分子量低于200Da的有机物截留较差，但对二价或多价离子及分子量为200~500Da的有机物有较高截留率。在印染行业中，纳滤因其对于钙、镁离子具有良好的截留效率，且操作压力低于反渗透，而被广泛地应用于印染用水软化和印染废水回用。反渗透具有低能耗、高效率等优点，是应用最为广泛的膜分离技术之一。此外，反渗透系统的产水可回收用于生产线，而浓水则可经独立处理系统处理后排放，也可将浓水排入生化处理系统或混合废水调节池进行处理。在外加直流电场作用下，利用离子交换膜的选择透过性，使离子透过离子交换膜，从一部分水中迁移到另一部分水中，从而达到对水进行脱盐的目的。而电渗析也可用于反渗透浓水的初级脱盐，脱盐率在45%~90%，这就进一步提高了废水的回用效率，是实现印染近零排放的重要步骤之一。

3.1.4 废旧纤维再生技术

近年来，我国化纤行业持续高速发展，以聚酯为代表的化纤产品在日常生活中所占的比重越来越大。人们在使用这些产品的同时也带来了规模庞大的废旧纤维，因此，对这些废旧纤维进行高效再生和利用再转化不仅可以实现保护环境和节约资源的目的，也可以通过再生纤维来实现极低的生产成本，从而获得更大的经济效益。对此，相关行业应该充分利用这一技术特点发展循环经济，践行可持续发展。超柔软纤维已成为国内外各个纺织生产企业开发高档纺织品的一个热门纺织原料，它的使用能有效提高产品的档次和附加值。目前，多以降低线密度的方式来实现超柔软纤维的生产，但追求过低的线密度而获得的手感是会大大弱化纤维的蓬松性和弹性，进而失去了纤维应有的特性。因此，该技术旨在实现产品既有纤维的超柔软手感又有较好的蓬松性能和弹性（表3-6）。

表3-6 常规聚酯切片与废旧纺织品料的特性

样品	黏度/(dL·g^{-1})	含水率/%	偏差率/%
常规PET切片	0.645	<0.41	≤0.24
废旧纺织品料	0.580	≤0.30	≤0.32

由试验可知，在经过改造后，造粒装置制得的布泡料含水率稳定，这极大地减少了人工和生产成本。此外，通过调节生产工艺参数可以获得高纯度、高黏性、高质量的再生聚酯，以满足生产高品质超柔软复合涤纶短纤维这一要求。

该技术适用于处理每年产量超过4000万吨，占纺织原料近70%的聚酯纤维，并且由于该技术的应用，废旧纤维的回收利用率也可大大提高。

3.2 "一带一路"沿线国家和地区实施的清洁生产技术与案例

3.2.1 土耳其

纺织、服装、皮革产品在土耳其的经济结构中占有非常重要的地位。土耳其对欧盟国家的纺织服装出口位居世界第3，棉花产量位居世界第7，棉花消费量位居世界第4，纤维纱产量位居世界第5，开放式纱产量位居世界第4。为研究清洁生产对于土耳其的经济效益，Stuart L. Hart和Mark Milstein开发了一个可以识别战略生产和商业实践的模型，该模型通过污染预防、产品管理、清洁技术和金字塔基础四个维度来定义可持续价值。该模型认为，企业管理者要优先考虑创造可持续的价值。污染预防：减少由于当前设施和操作而产生的废物和排放；产品管家：吸引股东关注，运行今天产品的生命周期；清洁技术：开发和部署被称为"下一代"的未来清洁技术；金字塔的基础：共同创建新业务，以满足未得到满足和服务不足的需求。

企业可以通过预防工业和生态污染来发展技能和能力。通过采用清洁生产，他们可以在降低成本和规避风险方面具有竞争优势。

（1）臭氧氧化技术处理粗棉布印染废水

粗棉布制造是纺织工业子部门里印染过程中产生高污染浓度水量最多的工序之一。对来自土耳其Kayseri牛仔纺织厂的三种不同的废水样品进行分析处理，发现臭氧氧化法是处理有色纺织废水的一种高效方法。将难降解的有机物质通过臭氧作为媒介转化为易生物降解的物质，再通过生物降解从而更有效地去除并减少处理成本。臭氧预处理对清洁生产后的废水可生化性的改善比清洁生产措施后的废水要低得多。对水再生实践的适应是纺织废水处理的一个重要关注点，水再生实践带来的环境效益必须与最终废水处理中遇到的风险相平衡。

（2）土耳其某纺织面料生产磨坊清洁生产案例

该公司自2003年以来一直在布尔萨生产女装的机织面料。公司占地面积10000m^2，现有员工147人。公司生产的面料种类繁多，以涤纶、棉、莱卡为主。公司2009年、2010年和2011年的织物年产量分别为1865吨、2193吨和2621吨，通过对公司环境绩效的评价，应用以下可持续生产方法：采用滴注式清洗替代溢流式清洗；张拉机冷却水回用；烧毛冷却水回用；水软化系统的改造。由于使用了这些方法，公司的总用水量减少了40.2%，产生的废水量减少了43.4%。因此，公司的总能耗下降了17.1%，因为减少了天然气的消耗，使得相关的二氧化碳排放量下降了 20.2%。由于实施了可持续策略、离子交换系统的改造和软水需求的减少，使得离子交换系统再生的盐（NaCl）用量减少。因此，公司的总盐（NaCl）消耗量降低了 46.0%，实施的回报期大约为 1.5 个月。

3.2.2 巴西

在巴西，清洁生产始于 20 世纪 90 年代中期，尤其是联合国环境与发展会议之后。国家清洁技术中心（CNTL）定义清洁生产为综合应用技术、经济和环境战略，改善工艺和产品，减少或回收废物和排放物，提高原材料、水和能源利用效率，并带来环境、职业健康和经济效益。根据巴西可持续发展商业委员会（CEBDS，2005）的观点，清洁生产有助于提高工业竞争力，通过提高生产效率和减少对环境和社会的影响来实现。

所研究的企业是一家位于巴西巴拉那州在纺织行业拥有 50 年历史的公司。该公司涵盖了将主要原料棉花转化为最终产品所需的全部生产过程。在研究期间，每月生产超过 150 万米的布料，总产量达到 800 吨。该公司的工业设施配备了现代化的废水处理系统。此外还拥有一座现代化的污水处理实验室，可对纺织制造过程中产生的所有废水进行测试、分析、评估和化学及生物控制。公司会根据实验室评估的结果，实时采取行动和干预。该公司于 2014 年底开始实施清洁生产战略，并在管理的几个制造单位中进行了多项清洁生产实践。研究分析了减少水消耗及水和氢氧化钠的再利用。此外，根据蓝色经济原则，研究还分析了废水处理系统中使用的化学材料。经济评估部分涉及计算投资回报率（ROI）。采用了 Material Input Per Service Unit（MIPS）方法来支持与清洁生产实践相关的环境影响分析。

该企业在评估期间每天生产 60000 米的织物，每平方英尺 450 克，总共生产约 27000 公斤。通过采用清洁生产策略和蓝色经济战略，确定了改进水资源利用的关键点，并成功回收了丝光过程中产生的烧碱，从而显著减少了废水处理系统需要处理的污水量。对经济和环境收益的评估主要集中在以下几个方面：减少水消耗和回收烧碱的过程；丝光和稳定化过程之间的闭环循环；化学原料的处理以及由此产生的污泥的商业化。70% 的洗涤用水来自同一工序产生的废水，总计回收水量达到 90%。在回收烧碱的闭环过程中，大约回收了丝光过程总消耗量的 80%。此外，生产过程中产生的其他化学废物被送往废水处理，其中脱水污泥主要含有烧碱和硫酸盐，还有大量的氯化物、硝酸盐和酚类。通过采用清洁生产实践和蓝色经济战略，该公司能够减少和再利用水和烧碱，每年总共节约了 13.8 万吨。对 3524 吨的污泥进行了商业化利用。经济评估显示，该公司在设备现代化方面总共投资了 77.15 万美元,从而实现了减少水消耗和水和烧碱再利用的目标。根据对脱水污泥副产品商业化的经济分析,该公司还计入了安装废水处理系统所产生的成本。因此,根据 ROI 的计算,每年的经济收益估计为 641.5 万美元。使用 MIPS 方法进行环境评估可以对其进行量化,根据环境影响评估的计算结果显示,通过应用蓝色经济战略和清洁生产实践,每年可以避免约 516.2 万吨的环境影响,其中 96.9% 的影响是在水资源方面避免的。因此,可以观察到蓝色经济和清洁生产之间的正相关关系。使用投资回报率的经济评估证明财务效益和 29 个月的投资回收期,这些投资对环境产生了积极的影响,每年可避免 516.2 万吨的污染,并显著减少水污染。

3.2.3 印度尼西亚

芭提克工业是给印度尼西亚经济带来重要增长的中小型企业之一,在给印度尼西亚带来发展的同时也产生了大量废物。纺织产业的废水是在印染过程中产生的,这些废水中含有难降解的化合物,将这些废水排入环境中,会引起严重的环境污染。高污染废水如何处理、排放是目前蜡染工业和纺织行业面临的主要问题。基于联合国环境规划署(UNEP)规定的清洁生产方法,在位于玛琅的小型蜡染工厂中实施清洁生产方案可以分为五个阶段:第一阶段,计划和组织,在这个阶段,业主和工人已确认他们参与和承诺实施清洁生产;第二阶段,预评估,这个阶段是为了解企业的基本信息及产品生产的生命周期;第三阶段,评估,包括衡量整个过程中的资源使用和废物产生,确定原因和解决方案,并生成清洁生产选项;第四阶段,可行性分析,对每个清洁生产方案进行评估,以确定经济、技术和环境方面的可行性;第五阶段,实现和延续,所选的清洁生产方案将进一步应用于 Celaket 蜡染工业,以降低废水的浓度和产生的废水量。

清洁生产使用前后水质差别对照见表 3-7。

表 3-7 清洁生产使用前后水质差别对照表

参数	清洁生产使用前	清洁生产使用后	临界值
BOD/(mg·L^{-1})	5226	738.3	75
COD/(mg·L^{-1})	20900	2930	200
TSS/(mg·L^{-1})	2036	38.6	100
pH 值	9	10.8	11.8

通过实施清洁生产可以减少蜡染工业排放废水中的 BOD、COD 浓度,提高环

境效益。在染色过程中，可以采用天然染料代替化学染料来取代旧的原料输入策略，代替染料后染色过程后排放的废水 BOD、COD 和 TSS 分别降低了 85%、89% 和 98%。

3.2.4 孟加拉国

孟加拉国的纺织业集中在达卡、纳拉扬甘吉、加济普尔、纳辛迪和吉大港。减少能源使用和温室气体排放已成为主要的技术、社会和政治任务。废热利用技术减少温室气体排放，提高能源效率，减少资源浪费，降低生产成本。应在所有工业中都计划使用可持续的节能技术，以实现可持续的经济增长。热集成方法是热电联产系统的设计基础。现场发电机排出的热废气是废热的一个很好来源。像废热回收锅炉这样的热电联产系统通过从发电机尾气中提取热量产生蒸汽，这种方法广泛应用于过程加热。研究表明，工业热电联产系统的节能潜力为 10%～25%。从拉幅机排气中回收的余热用于预热拉幅机吸入空气，可使后整理工艺的能耗降低 10%～30%。纺织工业废水含有大量废热，适当的废能回收系统可以减少 26% 的加热工艺水燃料消耗。大多数纺织业缺乏对蒸汽凝析油的合理利用，凝析油通常排入下水道或排水系统。冷凝液可从染色机、烘干机和熨烫部分有效回收。研究表明，适当的冷凝和闪蒸回收系统可以节省高达 14% 的冷凝水的热量。

3.2.5 "一带一路"沿线国家和地区实施的服装企业清洁生产案例

3.2.5.1 总体原则

（1）设施管理

①设置环境管理平台；

②执行相关环境培训项目；

③撰写和发布基于质量守恒的废物库存年度报告，注明所有物质的投入和产出；

④不断改进和优化维护和清洁生产活动的实践；

⑤基于环境影响不断优化生产方式；

⑥采取隔声降噪预防措施，减少设备的振动并安装隔音材料；

⑦根据 MSDS 进行化学物质储存；

⑧采取预防化学品泄漏的环境风险，一旦发生化学品泄漏，通过控制和清理相关区域防止化学品泄漏影响周边环境或者污水系统。

（2）一般措施

①运用自动计量系统进行化学品使用；

②尽量减少生产过程中化学品使用量；

③若必须要使用化学品，原则上使用风险最小的化学品；

④使用易于生物降解的表面活性物质来代替烷基苯酚、乙氧基化物和其他危险物质；

⑤在预先染色和染色过程中预防或者减少使用助剂；

⑥在最佳条件下使用过氧化氢；

⑦使用可生物降解的助剂；

⑧预防或减少使用消泡剂。

（3）原材料选择

①化学纤维：选择使用低排放和可生物降解/生物限制剂处理的材料。

②棉花：选择使用具有低附加技术（经纱预润湿）的材料和高效。

③可生物限制性的试剂：收集可用的信息来避免在处理过程中纤维材料受到危险化学品的污染，如PCP。

④羊毛：收集可用的信息来避免在处理过程中纤维受到危险化学品，如农药残留物质的污染；合法使用羊毛外寄生杀虫剂最小化。可以鼓励低农药残留羊毛发展、与负责羊毛生产的厂家持续对话、在所有生产国家销售、选择可生物降解纺丝剂制成的羊毛纱来代替基于矿物质油的配方制成的羊毛纱。

（4）水和能源管理

①记录水和能源的消耗并加以控制；

②在持续运转的机器里使用流量控制装置和自动关闭阀门；

③使用自动设备检查间歇运行机器浴室中液体的体积和温度；

④为了防止能源和水的浪费，应提供生产程序的文档交由员工记录；

⑤在生产中要优化时间，规定所有的过程来确保在最短的时间里完成；

⑥探讨将不同操作组合成一步的可能性；

⑦在间歇性过程中使用低或者极低动率机器；

⑧使用永久的低输入过程；

⑨提高洗涤效率；

⑩将冷却水作为工艺水重复使用（同时提供热量恢复）；

⑪表征离散废水流并且评估水/材料回收和重复利用的可能性；

⑫安装蒸汽绝缘以防止损失；

⑬使用绝缘管道、阀门、罐子和机械使能量损失最小化；

⑭通过再利用冷凝蒸汽等措施来优化锅炉房；

⑮从废水和废气中回收废热；

⑯使用频率控制的电动机。

3.2.5.2　纺织生产管理

（1）预整理

①选择在针织制造中用可生物降解和水基润滑剂代替使用矿物油基润滑剂；

②在洗涤前实施热固定程序，收集机油和从干燥的电滤系统排放的空气，从而回收能量；

③使用有机溶剂去除不溶解于水的油；

④通过操作降解难持久污染物（如通过高级氧化过程）。

（2）退浆

①选择使用高生物降解性、采用较少输入技术的有效洗涤系统制成的上浆原料；

②若无法控制原材料的来源，则采用氧化退浆；

③将退浆/清洗和漂白结合成一步；

④用合适的方法回收、重复利用上浆的浆料。

（3）漂白

①应用结合最小化使用过氧化氢稳定剂和高生物降解性络合剂的过氧化氢漂白技术；

②选择两步过氧化氯二氧化碳漂白，如使用元素无氯二氧化氯；

③仅需要高白度和易碎、解聚的织物情况下才能次氯酸钠的使用；

④漂白工艺中使用对环境影响较低的创新化学品，如用酶、臭氧漂白。

（4）丝光

①回收和再利用丝光冲洗水中的碱；

②在其他预处理中重复使用碱性废水。

（5）染色

①一般染色。采用高吸收/吸附在纤维上的染料；采用不会阻止纤维高度吸收/吸附染料的辅助化学品；减少染料计量和配方分配中染料的数量，例如使用三色系统，并且使用自动计量和分配系统，手动系统只在很少使用的染料上使用。

②间歇性染色。采用自动控制设备和绝缘系统使蒸汽损失最小化；将新机器

的浮点比调低；使用填充和卸载系统代替过度洗涤方式；在下一个染料批次中重复使用冲洗水；若技术可行则重复使用染料浴。

③持续性染色。当使用浸渍和染色技术时，采用较少的输入过程和最小的浸渍桶体积；采用在使用前混合并在分散的线路中在线分配化学品的系统，采用先进系统为浸渍浮子进量；采用反向漂洗；纤维中残留水通过纤维旋转滚筒或者相似的设备去除。

④分散染色。避免使用有毒有害填充料；采用分散染料代替使用连二亚硫酸钠，染料可以在减性培养基里水解溶解；去除而非还原；或者使用基于还原材料的硫酸衍生物来代替使用连二亚硫酸钠；采用具有高生物降解性优化染料配方，包括分散剂。

⑤硫酸染料。采用硫含量少于1%的预还原液体染料配方或者替代传统粉末液体硫涂料的稳定预还原无硫染料；采用无硫还原染料或者连二亚硫酸钠替代硫化钠；采取预防措施确保非必须不使用还原试剂，如使用氮气冲洗机器并去除掉空气中的氧；氧化剂首选过氧化氢。

⑥反应性染料。选择使用高度吸收/吸附在纤维上并且需要更少盐的反应性染料；在涂色后通过热冲洗和能量回收，避免在冲洗和中和阶段使用表面活性剂和络合剂。

（6）印刷涂色

①应用技术使污水形成最小化，如泡沫或者喷涂；

②采用方法减少拉幅机的能源消耗，如绝缘，能量回收或者使用预干燥设备；

③采用低空气排放的优化配方；

④为了易于维护操作，在生产地毯时使用无甲醛交联剂；

⑤在防蛀工艺中通过使用合适的材料和准备程序确保纤维有98%的效率保留化学物质。如果在染料浴中使用化学品，需要在工艺尾端确保pH < 4.5，并防止溢出。不选择干扰织物保留化学物质的辅助试剂；

⑥在软化处理过程中在污垢喷除和泡沫系统而不是间歇性染料机中使用软化剂；

⑦在旋转丝网印刷中减少印刷浆料的损失；

⑧在清洗过程中减少水的消耗；

⑨在平底织物的短生产阶段（少于100m）使用数字喷墨涂色机器；

⑩在地毯和厚织物的印刷阶段使用数字涂色机器；

⑪使用可控水分添加的单步印刷或者两步印刷代替反应性印刷；

⑫颜料印刷用于低挥发性有机碳排放（排放值＜0.4g Org.-C/kg 纺织品），即烷基苯酚（APEO）无乙氧基酯高度降解或者减少氨含量（排放值：0.6g NH_3/kg 纺织品）。

（7）漂洗

①采用单罐冲洗或者智能冲洗技术代替洗涤/漂洗过程；

②通过在连续过程中使用高效清洗机器和能源回收装置减少水和能源的消耗；

③若无法避免使用卤代有机溶剂，原则上使用完全闭环的电路设；

④借助清洁的洗涤水源评估废水的清洁性。

3.2.5.3 纺织品加工产业链全过程清洁生产案例

某品牌服装公司和商业伙伴帮助纺织品生产商收集环境足迹和水管理/影响评估数据。2017年，供应商评估系统显示该品牌织物工厂生产了60%的商品（2016年56%；2015年50%；2014年35%）。在资源利用效率和清洁生产方面该公司持续帮助供应链合作伙伴降低水耗，通过开展项目降低纺织印染加工相关的环境影响，尤其是地下水提取和地表水污染。以下是该公司在土耳其的清洁生产案例。

案例1 工厂A

该设施生产了90%的针织物，生产量为20吨/天。生产原料为棉花、黏胶纤维，合成和混合织物。生产阶段和过程有染色、印刷、冷轧堆和丝光生产（表3-8、表3-9）。

表3-8 工厂A清洁生产改进描述

改进方面	改进方法	项目描述
电力和天然气	升级技术	翻新烘干机
电力	更换设备	在服装部门使用LED灯
	安装新系统	在织物切边工艺上安装伺服系统。伺服系统是优于开环系统的闭环系统，它提高了瞬间反应时间，减少了稳定状态下的错误和系统对负载参数的敏感性
电力和水	升级技术	安装新的薄软绸机器；采用新的染色技术
管理	安装新系统	在化学仓库使用5S管理方法和设置进料区

表 3-9　工厂 A 项目实施情况

项目		数量
实施项目		7
实际节省量	电力/（kW·h）	81500
	天然气/m³	78000
实际经济节省量/土耳其里拉		301788

案例 2　工厂 B

该设施是容量为 30t/天的针织染色房：10t 印染（有 3 台旋转丝网印刷机）和 20t 染色。操作工序有高温染色、圆网印花和精加工（表 3-10、表 3-11）。

表 3-10　工厂 B 清洁生产改进描述

改进方面	改进方法	项目描述
电力	管理	提升泵的利用效率
	更换设备	用 LED 灯替换效率低下的环境灯
水	新技术	在锅炉给水中使用反渗透系统
能源	安装新系统	安装压缩空气泄露维护程序以减少能源使用
		安装疏水阀维护程序避免蒸汽和热量损失增加，并延长设备寿命
天然气和煤炭	翻新设备	在蒸汽和热水管上进行有效绝缘

表 3-11　工厂 B 项目实施情况

项目		数量
实施项目		6
实际节省量	电力/（kW·h）	316187
	煤炭/kg	494250
	天然气/m³	27200
实际经济节省量/土耳其里拉		187683

案例 3　工厂 C

该工厂生产牛仔布，裁剪、编织、熨烫、包装和洗涤是主要工艺。工厂里还有印刷、成衣染和激光工艺（表 3-12、表 3-13）。

表 3-12 工厂 C 清洁生产改进描述

改进方面	改进方法	项目描述
水	管理	控制热电联产锅炉的水量，排污和电导率
电力和天然气	翻新设备	为了回收热电联产废热和蒸汽锅炉使用有效绝缘
电力和天然气	翻新设备	在蒸汽和热水管上使用有效绝缘
电力和天然气	管理	控制疏水阀避免热量流失
电力	更换设备	用 LED 灯替换效率低下的卤素灯
废水	管理	减少废水污染负荷和改善处理池的使用

表 3-13 工厂 C 项目实施情况

项目		数量
实施项目		8
实际节省量	水 /m^3	16367
实际节省量	电力 /（kW·h）	53020
实际节省量	化学品 /kg	316197
实际节省量	天然气 /m^3	14711
实际经济节省量 / 土耳其里拉		29732

案例 4　工厂 D

该工厂生产牛仔布，裁剪、针织、熨烫、包装和洗涤是主要工艺。工厂里还有印刷、成衣染色和激光工艺（表 3-14、表 3-15）。

表 3-14 工厂 D 清洁生产改进描述

改进方面	改进方法	项目描述
电力、水和化学物质	升级技术	在牛仔布漂白过程安装使用激光方法的新机器
化学品	安装新系统	安装化学物质给量系统
天然气	管理	清除设施中所有的空气泄漏
管理	管理	监控子过程的水消耗
管理	管理	通过在污水处理厂的出水点安装流量计来监控废水的消耗
电力	更换装置	在洗涤部分用 LED 灯替换荧光灯
电力	管理	通过缝纫机的 LED 灯照明工作区域
电力	升级技术	为干衣机安装新的燃烧器

表 3-15 工厂 D 项目实施情况

项目		数量
实施项目		6
实际节省量	电力/(kW·h)	216677
	天然气/m³	210000
实际经济节省量/土耳其里拉		577593.7

案例5 工厂 E

该工厂通过环技术生产棉线。在编织生产单元，生产多维结构编织织物。在染色和敷料生产单元，生产线染织物（表 3-16、表 3-17）。

表 3-16 工厂 E 清洁生产改进描述

改进方面	改进方法	项目描述
天然气和电力	翻新设备	在蒸汽和热水管上进行有效绝缘
电力	管理	将压缩机室与热电联产房间分开（新鲜的大气被吸入压缩机），使压缩机工作更加高效
	翻新设备	安装功能灯和自动灯
	管理	日光使用最大化
天然气和电力	管理	将锅炉房的温度调节到一个特定的温度便于锅炉有效的工作
		控制压缩空气泄露
	翻新设备	安装空气罐阀门避免泄露
实施项目的数量		7
实际节省量	电力/(kW·h)	201586
	天然气/m³	876.28
实际经济节省量/土耳其里拉		107768

表 3-17 产业链全过程清洁生产改进总核算

工厂		E	D	C	B	A
投资/千土耳其里拉		136	2843	143	260	3160
电力	2015年消耗量/(MW·h)	50066	2511	4545	10765	7472
	每年储蓄量/(MW·h)	256	267	66	316	82
	节省率/%	0.50	10.60	1.50	2.90	1.10

续表

工厂		E	D	C	B	A
水	2015 年消耗量 /1000m³	1963	761	364	1171	464
	每年储蓄量 /1000m³	0	36	16	0	0
	节省率 /%	0	4.80	4.50	0	0
天然气	2015 年消耗量 /1000m³	14277	2791	1134	2570	722
	每年储蓄量 /1000m³	110	252	18	27	78
	节省率 /%	0.80	9.00	1.60	1.10	10.80
化学品	2015 年消耗量 /t	NA	889	96	3376	2198
	每年储蓄量 /t	0	62	0	0	0
	节省率 /%	NA	6.90	0	0	0
煤炭	2015 年消耗量 /t	NA	0	0	13207	NA
	每年储蓄量 /t	NA	0	0	494	NA
	节省率 /%	NA	NA	NA	3.70	NA
财务节省量 / 千土耳其里拉		129	602	34.2	179	288

注　NA（not availble），指未提供具体的数据。

案例 6　清洁生产潜力评估

该服装公司开展的清洁生产项目涵盖 2018 年 20% 的适用的生产单元。为了支持一项关于在土耳其 Büyük Menderes 盆地地区水资源使用的交流项目，该公司与 WWF- 土耳其合作实施了可行性研究。

在这项研究中，相关部门在盆地的四个设施中考察了原材料、化学物、水、能源、废物和废水的管理方法，并评估了在 Aydın 和 Denizli. 的设施中实施清洁生产的可能。

土耳其 Büyük Menderes 盆地四个设施的清洁生产实施潜力评估见表 3-18 ~ 表 3-22。工厂 F 以毛巾染色起家，有三个生产单元：针织、染色间和数字印刷；工厂 G 公司生产工艺为 90% 针织和 10% 编织。主要工艺有编织、染色、印刷、洗涤、干燥、精加工和质量控制机器；工厂 H 生产毛巾、浴袍、家纺和床上衣服、棉布织物的融合企业，工艺由纱线、编织、染色/精加工、数字印染、服装和刺绣单元组成。工厂 I 主要是设计和生产棉花和棉花混合面料。品牌以衬衫面料闻名并且已经出口。公司还生产夹克和裤子面料。

表 3-18 产业链企业的清洁生产潜力评估

工厂	投资范围/土耳其里拉	水节省率/%	能源节省率/%	其他节省率/%	投资回收期/年
工厂 F	500000～1900000	30～65	10～30	盐：15～20 劳动：5	1～3
工厂 G	1200000～3500000	30～55	15～25	染料/化学品：15～20 过程时间：40～60	2～3
工厂 H	500000～2400000	25～45	10～30	盐：5～10 劳动：10～15	1～3
工厂 I	900000～3400000	25～60	5～20	染料/化学品：≤10 劳动：≤30	2～3

表 3-19 工厂 F 清洁生产潜力评估

清洁生产应用潜力	投资范围/土耳其里拉	平均水节省率/%	平均能源节省率/%	其他节省率/%	投资回收期/年
回用和再利用过程废水	50000～250000	10～20	1～5	—	1～3
采用水夹点分析法优化水回收	50000～100000	≤5	≤1	—	≤1
使用填充和抽取系统代替溢流冲洗	≤50000	5	—	—	≤1
在气球挤压过程中回收产生的废水	50000～10000	1～2	—	—	≤1
提高反渗透单元的效率	30000～200000	1～2	≤1	—	1～2
再利用连续洗衣机的最终冲洗水	50000～100000	≤5	≤1	—	1～2
在水软化系统中整合砂过滤和优化系统	20000～50000	10～15	1～2	盐：15～20 劳动力：5	≤1
在生产过程中收集和使用雨水	100000～200000	≤1	≤1	—	7～8
回收冷却水	50000～200000	≤5	1～2	—	1～2
监控蒸汽泄露并预防泄露	1500～112500	2～3	2～4	—	1～2
碱回收	*	—	—	碱：50～60	1～3
回收拉幅机废热	100000～500000	—	4～5	—	2～4

续表

清洁生产应用潜力	投资范围/土耳其里拉	平均水节省率/%	平均能源节省率/%	其他节省率/%	投资回收期/年
在持续洗涤机器中回收废水热	50000~150000	—	≤2	—	1~2
通过从空气压缩系统中回收废热来提供热水	5000~20000	—	1~2	—	≤1
合计	500000~1900000	30~65	10~30	各种各样	1~3

注 *通过更加详细的分析、测试和试验生产，由公司技术人员和授权人员确认会更准确。

表3-20 工厂G清洁生产潜力评估

清洁生产应用潜力	投资范围/土耳其里拉	平均水节省率/%	平均能源节省率/%	其他节省率/%	投资回收/年
回用和再利用过程废水	50000~250000	10~20	1~5	—	1~3
采用水夹点分析法优化水回收	50000~100000	≤5	≤1	—	≤1
采用气流（空气喷射）染色机	400000~1200000	15~20	≤5	染料和化学品：15~20 过程时间：40~60	2~3
提高反渗透单元的效率	30000~200000	1~5	≤1	—	1~2
替换染色机器的蒸汽阀	40000~80000	1~2	≤1	—	1~2
在生产过程中收集和使用雨水	100000~200000	≤2	≤1	—	5~7
碱回收	*	—	—	碱：50~60	1~3
回收拉幅机废热	300000~1000000	—	4~5	—	2~4
从空气压缩系统中回收废热	5000~20000	—	1~2	—	≤1
从废水中回收废热	100000~300000	—	≤5	—	1~2
从所有持续洗涤机器中回收废水热	50000~150000	—	≤1	—	1~2
从机械预缩整理工艺中回收蒸汽	50000~100000	1~2	15~25	—	1~2
合计	1000000~3000000	30~55	—	各种各样	2~3

注 *通过更加详细的分析、测试和试验生产，由公司技术人员和授权人员确认会更准确。

表 3-21 工厂 H 清洁生产潜力评估

清洁生产应用潜力	投资范围/土耳其里拉	平均水节省率/%	平均能源节省率/%	其他节省率/%	投资回收期/年
回用和再利用过程废水	50000～250000	10～20	1～5	—	1～3
采用水夹点分析法优化水回收	50000～100000	≤5	≤1	—	≤1
提高反渗透单元的效率	30000～200000	1～2	≤1	—	1～2
使用填充和抽取系统代替溢流冲洗	<50000	5	—	—	≤1
用自动化水软化系统代替手动反冲洗水软化系统	50000～200000	5	≤1	盐:5～10 劳动:10～15	1～2
在生产过程中收集和使用雨水	150000～300000	≤4	≤1	—	5～6
碱回收	*	—	—	碱:50～60	1～3
回收拉幅机废热	100000～500000	—	4～5	—	2～4
从废水中回收废热	100000～300000	—	≤5	—	1～3
从所有持续洗涤机器中回收废水热	50000～150000	—	≤2	—	1～2
监控蒸汽泄露并预防泄露	1500～112500	2～3	2～4	—	1～2
在蒸汽锅炉中进行燃烧效率分析和优化	<20000	—	≤5	—	<1
重新安置压缩空气系统以提高效率	5000～100000	—	≤1	—	<1
通过从空气压缩系统中回收废热来提供热水	5000～20000	—	1～2	—	<1
合计	500000～2400000	25～45	10～30	各种各样	1～3

注 *通过更加详细的分析、测试和试验生产,由公司技术人员和授权人员确认会更准确。

表 3-22　工厂 I 清洁生产潜力评估

清洁生产应用潜力	投资范围/土耳其里拉	平均水节省率/%	平均能源节省率/%	其他节省率/%	投资回收期/年
回用和再利用过程废水	50000～250000	10～20	1～5	—	1～3
采用水夹点分析法优化水回收	50000～100000	5	1	—	1
再利用连续洗衣机的最终冲洗水	50000～100000	5	1	—	1～2
回收浅色织物后处理过程的最终冲洗水	50000～150000	2～3	1	—	2～3
应用自动染料制备/给料技术	100000～1000000	—	—	染料/化学品：10 劳动：30	2
用自动化水软化系统代替手动反冲洗水软化系统	50000～200000	5	—	盐：5～10 劳动：10～15	2～3
提高反渗透单元的效率	30000～200000	1～2	1	—	1～2
将喷气织物染色原理应用到纱线染色过程中	*	*	*	*	*
实施臭氧漂白	*	*	*	*	*
预防纱线染色过程中冷却水排放	50000～100000	5	1	—	2～3
评估 PVA 和淀粉基上浆	*	*	*	*	*
回收碱	*	—	—	碱：50～60	1～3
在生产过程中收集和使用雨水	150000～300000	10	1	—	4～5
回收拉幅机废热	100000～500000	—	4～5	—	2～4
在传热油系统中回收热量	200000～400000	—	3	—	1～3
从机械预缩整理工艺中回收最高到蒸汽	50000～100000	1～2	1	—	1～2
加强监测压缩空气泄露	5000～25000	2	—	—	<1
合计	900000～3400000	25～60	5～20	各式各样	2～3

注　*通过更加详细的分析、测试和试验生产，由公司技术人员和授权人员确认会更准确。

3.2.5.4 "一带一路"沿线国家的纺织企业清洁生产案例

案例1　埃及纺织企业清洁生产

纺织生产包括染色和精加工女士外套。环境表现评估主要是通过 UNIDO ECO 效率计划中的 TTGV 实施清洁生产项目进行的（表3-23）。主要改进方面有：

①控制每个过程的水消耗量并且确定最佳用水值；
②在溢流洗涤过程中减少洗涤时间，关闭溢流冲洗阀；
③更换喷漆机的冷却水进出阀门；
④收集冷凝水并通过干燥机器将其输送到软水池回用；
⑤评估织物精加工机器的最佳水流量；
⑥将织物羽毛焚烧炉中的冷凝水输送到软水池回用；
⑦使用自动化水软化系统。

表 3-23　清洁生产实施效果

资源或废物	百分比 /%
水消耗	-40.2
能源消耗	-17.1
总盐消耗	-46.0
废水的有机负荷（化学需氧量）	-25.4
二氧化碳排放	-13.5

案例2　波兰纺织企业清洁生产实施

该纺织公司经营编织、染色和织物精加工。TTGV 在清洁生产项目中开展了研究（表3-24）。主要改进方面有：

①回收热电厂废热；
②收集雨水和工艺废水。

表 3-24　实施效果

项目		每年数量	费用/土耳其里拉
业务花费项目	劳动力	918h	17100
	维护和其他费用	175L 油	3000

续表

项目		每年数量	费用/土耳其里拉
业务花费项目	能源使用	90000kW·h	19800
	合计	—	39900
业务收入项目	节省水量	38500m³（6.7%）	4000
	处理设施污泥减少量	221t（14%）	15994
	能源节省总量（天然气，煤炭，电量）	601TEP	987965
	初始投资花费	—	429038
	年度合计节省	—	1007959
	操作费用	—	39900
	净利润	—	968059
节省费用周期=5.1个月			

注　TEP，ton of equivalent petroleum，吨等效石油。

案例3　埃塞俄比亚纺织企业清洁生产

该纺织工厂生产牛仔布织物。改进方面是：在生产过程中使用不会对质量和环境产生不良结果的化学品（表3-25）。根据消耗量的基础，使用公式，确定羟丙基甲基纤维素化学品（CBDs）以及有问题的化学品（有毒的，低生物降解性，致癌等）；8种化合物被确定为有问题：2种离子固定剂，1种稳定剂，3种硫染料，1种甲醛含量树脂和1种分散剂。

表3-25　更换使用化学品后的效果

项目	改进效果
废水的生物降解性	从40%增加到60%（通过改变离子清除剂）
处理厂化学需氧量	COD减少到3100kg/月
染色过程中的硫水平	减少70%

案例4　突尼斯纺织企业清洁生产

为了减少水的用量、废物产生量，同时降低染色过程对环境的影响、成本和增强竞争力，对生产牛仔布和靛蓝面料的SITEX生产过程进行优化（表3-26）。主要改进方面有：

①取消第五个冲洗池，在冲洗阶段以 6m³/h 量冲洗可减少水的使用（可以通过在冲洗阶段监控和控制水的使用来达到）；

②回收冷凝水在烧线阶段使用（Goller 机器）并在冷却罐中再利用，可节省 6m³/h 的软化水；

③回收冷凝水在烧线阶段使用（蓝粗棉布）并在冷却罐中再利用，可节省 4m³/h 的软化水。

表 3-26　清洁生产改进措施与效果

项目	清洁生产潜力			总计
	1	2	3	
废水减少体积/（m³·年$^{-1}$） 年节省量/（美元·年$^{-1}$）	18000 29000	10000 16000	12000 19000	64000
减少使用能源/（千千克·年$^{-1}$） 年节省量/（美元·年$^{-1}$）	843000 13000	— —	— —	13000
减少精练化学品使用/吨 年节省量/（美元·年$^{-1}$）	32.8 11000	18 6000	22 7000	24000
机器零件节省 年节省量/（美元·年$^{-1}$）	9000	—	—	—
总节省/（美元·年$^{-1}$）	62000	22000	26000	110000
投资/美元	1000	2000	2000	5000
节省费用周期	立即	1个月	1个月	17 天

案例 5　埃及纺织企业的清洁生产改进

三个纺织公司（El Nasr 纺织公司、Dakahleya 纺织公司和 Amir Tex 公司）分析了其黑色硫染色过程的清洁生产（表 3-27）。主要改进方面有：

①去除亚硫酸钠和酸性重铬酸盐，使得处理设施中废水更容易，成本更低；

②在所有的三个设施中用葡萄糖和氢氧化钠的混合物代替亚硫酸钠；

③El Nasr 纺织公司替换掉重铬酸盐与过硼酸钠，Dakahleya 纺织公司替换掉过氧化氢重铬酸盐；

④El Nasr 纺织公司合并退浆和蒸煮工艺以降低浸渍浴的温度；

⑤ Dakahleya 纺织公司将染色和氧化过程之间切换冷洗涤；
⑥ Amir Tex 公司在填充工艺后撤掉两个冷洗涤盆。

表 3-27　印染生产的过程优化

改进方法	效果	
合并退浆和蒸煮过程	过程时间	减少 2h
	蒸汽使用	减少 16%
	电力使用	减少 22%
在染色和氧化过程之间切换冷洗涤	过程时间	从 13h 减少到 8h
	水、蒸汽和电力消耗	减少 38% ~ 39%
在填充工艺后撤掉两个冷洗涤盆	水使用	减少 15%
	电力使用	减少 18%
	蒸汽使用	减少 21%

案例 6　越南纺织企业清洁生产

在纺织印染工厂中实施以下措施：
① 在染色罐中激活现存但未使用的流量计；
② 借助放在染料罐中的差压变送器持续监测染料罐中染料的体积；
③ 借助计算机程序 / 自动化系统，在自动监控的喷漆罐里应用喷漆工艺；
④ 应用自动系统使得在给不同品质和数量的织物染色时采用尽可能多的喷漆 / 染色方法；

越南印染企业清洁生产实施效果见表 3-28。

表 3-28　印染企业清洁生产实施效果

项目	效果
水、热量和化学品使用	下降 6% ~ 16%
水节省量	53374m^3/ 年
化学品节省量	407.8t/ 年
经济收益	172755 美元 / 年
摊销期	4 个月

3.3 我国典型企业清洁生产实施案例

3.3.1 多层面清洁生产措施

该印染集团股份有限公司位于浙江省湖州市，主营业务为纺织品的印染、销售和印染产品的研发，主导产品为灯芯绒、纱卡、亚麻等天然纤维类面料以及后整理功能性面料，是我国印染行业十佳企业、国家火炬计划重点高新技术企业，其产品被评为中国名牌产品和国家免检产品，2006年11月获"中国出口免验"企业。公司不断加强新产品和新工艺的研发和应用，推行清洁生产和严格的质量控制，先后通过了 ISO 9001—2000、ISO 14001—1996 和 Oeko-Tex Standard 100 认证，使公司的产品远销欧、美等国家和地区，并成为国内外一批国际知名企业的供应商和合作伙伴。该公司在清洁生产方面主要采取了以下措施。

3.3.1.1 开发和引进新工艺新技术

（1）运用前处理冷轧堆技术

印染行业中前处理工艺能源消耗在总能耗中占有较大比例，前处理退浆、煮练、漂白三道工艺中，平均生产用水量为46.5t/h 消耗蒸汽量为3.77t/h。公司通过大量的实践，将传统的三步法工艺改为冷堆一步法工艺，使用该工艺后平均生产用水量为24L/h，消耗蒸汽量为2.25t/h，比传统工艺用水量节省22.6t/h，蒸汽消耗量减少1.52t/h。

（2）运用冷堆染色技术

主要是对染料和纤维的吸附、扩散和固色反应是在堆置中完成的，通常都在室温下进行的，较轧染减少了中间烘燥和汽蒸或焙烘两道工序，较大的节约了能耗，同时由于该工艺中染料水解少，固色率较高，在冷染后的皂洗过程中，也将节省大量的生产用水和蒸汽。为配合该工艺的开发，公司投资37万欧元，从德国引进两台寇斯特冷堆染色机。投入使用后每年可节省蒸汽2540t，节约用水40000t。

（3）引进国外短流程湿蒸染色技术

活性染料常用轧蒸法染色，工艺连续化，生产效率高，但流程长，能耗高，染料和纤维间的相互作用除有效反应外，还会伴随发生水解反应，从而造成染料的损失。公司经过对比引进了短流程湿蒸染色技术，由于该工艺对设备要求较高，公司投资90万欧元，引进一台门富士湿蒸染色机以配合该工艺的生产，其高着色率使染料用量降低10%~15%，高固色率和较低的水解作用使其在水洗过程中的用水量比传统工艺减少20%，年节省用水16000t。

3.3.1.2 推进先进设备

（1）全方位的推进自动化配液系统的应用

纺织工业城现有两套引进国外自动化配液系统，使得工业园中两个分厂的生产用助剂、染化料均可集中供给、自动计量，多余染料还可回收利用，同时，使车间达到清洁生产、文明生产，在保证优质生产的同时，大大地减少染化料及助剂的浪费，根据目前运行的状况，该系统将染化料及助剂的用量减少5%，水的用量比以往的生产减少10%，每年将减少染化料助剂用软水10800t。

（2）引进高效节能型前处理设备

为降低前处理生产中的能耗，我公司在建设印染工业园时，投资350万欧元，引进瑞士退煮漂丝光高效节能联合机，该设备对生产用水、汽、液进行全自动控制，蒸洗箱采用逐格蛇行回流，均匀轧液、轧水，煮练、漂白、丝光各段废水均利用换热器进行热回收利用，与传统工艺生产中退煮漂、丝光工艺比较，该设备节水可达40%，每年可节水近14.1万吨。

（3）主体设备均采用节能型

在印染工业园的设备选型过程中，所有设备均选用节能环保型。工业园中所有水洗设备均采用逐格蛇行回流，设备中的水均根据使用状况，通过水量调节，使之从每一单元的最后一只蒸洗箱逐格蛇行回流，使得生产用水获得最大限度的利用，同时使机台用水喷淋量获得最大限度的减小。

（4）引进国外连续染色中样机

传统连续轧染的染色生产在LMH641型连续轧染机上进行，一般放一次大货样需要20min左右，放样过程中，所有蒸洗箱和平洗槽中均要灌满水，每次用水量大约为16t，在没引进连续染色小样机前，公司平均每天为放样引起的设备整车排水多达8次，从引进中样机后，公司打大货样直接在中样机上进行，每天打样节水128t，仅此一项每年节水近4.3万吨。

3.3.1.3 探索分质分段中水回用

（1）采用烘筒热水回用节水

整个印染工业园中，烘筒总共898只，烘筒的热媒体蒸汽在生产过程中将变成冷凝水，通过疏水器排放，该冷凝水是由高温高压蒸汽冷凝而成，硬度低、杂质少，还具有高温的特点，适用于印染生产的很多环节，但其收集起来全部利用难度较大。因此，该公司采用就近回用和集中回用相结合的办法，选用新型疏水器，利用烘筒中蒸汽压力，将水洗部分后的烘筒冷凝水直接回用到水洗中；而无水洗部分的机台烘筒冷凝水集中收集后,则利用恒压供水系统,供应水质要求较高的机台,这样,既简化了管路,又节省了收集冷凝水的能耗。通过实际测算发现,可实现节水13.6万吨/年,价值相当于一套20t的软水反应装置。同时,每小时还可为公司节约蒸汽2.8t。

(2)利用冷却水回用节水

印染生产中,很多生产设备都需要用水进行冷却,但各单元用水量都不是很大,同时,印染设备较为庞大,冷却设备单元也较为分散,所以这一部分的节水经常被忽视。针对这一特点,该公司在建设印染工业园时,专门设计一套冷却水回用装置,对各个机台的冷却水进行集中收集,集中回用。采用该套装置后,每天烧毛机冷却水用量减少到100t,还有90t水可变成温水进行回用,实际用水量只有10t,就此一项,每天就可节省用水120t。还有空压系统的冷却水,平均每天184t,再加上各机台的冷水辊用水回收后,整套系统每年将节水11.8万吨。

3.3.2 无水液氨丝光工艺

该纺织集团是一家专营中、高级牛仔面料的供应商,集纺纱、织布、印染、印花于一体,从德国、瑞士、比利时、荷兰引进了纺织、印染、印花等生产设备,并全面实现信息化管理。集团占地面积2000余亩,年产环锭纺纱3万吨,气流纺纱1.8万吨,牛仔面料4389万米(4800万码),印染布6584万米(7200万码),印花布2194万米(2400万码)。牛仔面料主要提供给欧洲、北美及国内中高档牛仔服装品牌。

3.3.2.1 丝光工艺

我国是牛仔布以及牛仔服装生产大国,每年可生产牛仔布20亿米,牛仔服装25亿件。传统的牛仔布丝光工艺是用烧碱作为丝光液。该工艺存在水耗大、废水产生量大以及废水难于处理等问题。在碱丝光的基础上,发展出第一代液氨丝光工艺。它是用氨代替碱作为丝光液,从而提高了牛仔产品的舒适性。第一代液氨丝光工艺是用酸中和和水洗来清除残留在织物上的氨,使生产过程中的水耗和废水产生量没有减少,同时,废水处理难的问题依然存在。随着环境和资源保护的要求提高,研究和开发新的丝光工艺很有必要,由此研发了无水液氨丝光工艺。

3.3.2.2 无水液氨丝光工艺

无水液氨丝光工艺用高温除氨工序替代了酸中和和水洗工序,生产中只需要设备的冷却水,大幅减少了水的消耗和废水的产生。无水液氨丝光工艺是在一个密闭的系统中进行的,防止了氨的泄漏。该工艺是用液氨作为丝光液,含有织物丝光、除氨、氨回收和循环、冷却系统和控制系统等。与烧碱相比，氨更容易渗透到织物内部，与棉纤维作用，使织物在液氨作用下产生了轻微的膨胀，从而使织物表面产生绸缎的效果。织物在经受由磨损和多次水洗所带来的应力后，具有更好的手感和柔软性，展现了更强塑性和延展性，从而使服装的寿命和"新的"外观得以延长和保持。

（1）织物丝光系统

由于整个系统都充满着氨，在织物输入和输出系统中，织物能够自如地进出，而不会有氨的泄漏。织物需要与氨进行充分接触，使织物中的纤维与氨作用。

（2）高温高压除氨

在密闭的容器中，用蒸汽加热，在高温高压条件下使残留在织物上的氨挥发而去除。

（3）氨回收系统

从织物上去除出来的氨，经过收集、冷却和分离，得到回收。

（4）氨循环系统

回收得到经过冷却的液氨先储存在耐压罐中，并根据生产的需要循环在生产过程中。

（5）控制系统

液氨无水丝光工艺包含着织物的质量、织物的速度、丝光时的温度和液氨浓度、氨回收和输送等参数，要求控制速度快、控制精度精，因此需要全自动控制。

3.3.2.3 经济效益分析

中国每年生产的牛仔布已达 20 亿米，大约有 1/4（5 亿米）的牛仔布是丝光布。若有 3 亿米牛仔布使用液氨无水丝光工艺，需要引进 23~24 条液氨无水丝光生产线，需要投入 4.6 亿~6 亿元，投入生产后将每年减少水耗 390 万立方米，减少废水产生 390 万立方米，减少 COD 的排放约 360 吨。

3.3.3 活性染料染色残液盐回用系统

该公司位于新疆，专业从事印染污水资源化利用的环保工程和环保技术服务，在印染废水工业废物资源化、减量化和无害化技术开发和管理方面具有丰富的经验。开发了具有独立知识产权的染色残液盐回用系统，并实现了产业化应用，处理回用高浓盐水量达 30 万吨，回用并减排盐 2.5 万吨，回用减排并减少取用新鲜水 150 万吨，2017 年荣获新疆生产建设兵团科学技术一等奖，中国纺织工业联合会科学技术二等奖，并获得工业和信息化部绿色平台制造的课题项目和科技部

"科技助力经济 2020"重点专项的支持，成为新疆维吾尔自治区地方标准 DB65 4293—2020《印染废水排放标准》的技术支撑，为中国纺织联合会制定团体标准 T/CNTAC59—2020《活性染料棉染残液萃取盐回用系统工程技术规范》。

3.3.3.1 活性染料染棉过程

棉花是广受大众喜爱的纺织材料，棉纺织品的染色最常用的是活性染料，因为活性染料色谱齐全、使用方便、牢度良好和价格低廉活性染料在染色过程中与棉发生化学反应，以共价键的方式固着在棉上，因此活性染料染色的棉具有良好的耐洗牢度。但活性染料染棉在固色的同时也会有相当比例（通常为 30%）的染料与水反应，成为水解染料而失去固着在棉上的能力，通常染色中所用染料的浓度越高，其水解比例越大，相对固色率越低，所以活性染料染色残浴的色度极高，这些水解的活性染料不易生物降解，给现有的污水处理过程带来了极大的困难。

由于活性染料染棉过程中伴有大量的水解染料生成，为获得良好的水洗牢度，必须在染色生产过程中能够方便地彻底洗除水解染料，为此，活性染料的母体结构设计，使对棉具有较低的亲和力。但为使染料更多地上染纤维以提高染料利用率，必须在活性染料棉染染浴中加入 6% ~ 10% 的元明粉（Na_2SO_4）促染，对有些深浓颜色染色的盐用量多达 1 吨盐/吨棉，这些盐在染色中无损耗，染色后直接随染色废水全部排出，很多工厂日排盐量超过数十吨，长年累月这样排放，给周围的土壤、河流的生态造成了严重危害。

3.3.3.2 染色残液盐回用系统

活性染料染色残液回用的基本原理是将棉染过程中含盐最高的染色残液单独收集，采用萃取分离技术，将高盐高色度染色残液中的染料萃取分离出来，再将高浓盐液回用于染色过程中。这是一种基于可逆反应的极性有机物化学萃取分离方法。在对染色残液的处理过程中形成了水+盐（水相）和萃取剂（油相）两个体系的闭环循环，在萃取装置中相互作用，连续性地将染色残浴中的水解染料提取出来，从而使含高盐度的残液得以循环使用，避免了盐的大量排放，同时也避免了污水处理过程中大量絮凝剂的投入。既减少了对外界环境的污染，又降低了生产成本。

3.3.3.3 活性染料染色残液盐回用技术特点

独创的活性染料染色残液盐回用系统和相应技术能够使生产企业用可承受的生产成本，解决棉染废水高盐排放对环境造成严重盐污染的难题，这是困扰印染行业几十年的难题。该技术的最大特点是在不改变原有染色生产要素，包括染料、设备设施、生产过程、工艺处方和生产经验等，仅在车间增加一套盐回收系统，在源头上截留并针对小容量高盐度的染色残液进行有效处理，因此比其他任何一种印染废水除盐或无盐染色的方法都经济易行。

通过盐回用，所节约的购盐费用可以抵偿盐回用系统的运行费用，甚至还可有盈余。因此，棉染企业应用盐回用系统可显著降低棉染过程高盐排放的同时，并未增加生产成本；再加上染色残液分流处理后，染色废水含污量显著减少，也使染色废水的处理费用下降，导致棉染生产总成本的降低，从而产生可观的经济效益。

3.3.3.4 染色残液盐回用系统的关键设备

染色残液盐回用系统包括调酸装置、萃取装置、反萃装置、油水分离装置、盐液精制装置、调盐装置。

3.3.3.5 技术综合效益

活性染料棉染过程需要加入大量的盐，这些盐作为促染剂在染色过程中并不消耗，染后随染色废水排放。染色用的盐为硫酸钠或氯化钠，在常规环境中是稳定的无机化合物，易溶于水，难以自然分解。染色过程中，棉纺织品需经过系列的练漂、水洗、染色、水洗、皂洗、水洗等步骤，即需经过 10~15 次进水和排水，染 1t 棉需耗用水 60~80t，在这些步骤中，只有染色步骤需要加入染料，大量的盐（50~100g/L）和相当量的碱（10~20g/L），所染织物的颜色越深，染色过程加入的盐和碱量越大。染色各步骤所排放的废水均汇集于污水处理厂集中处理，常规的生化处理可有效去除废水中的 COD，但无法除盐。处理后的水中含盐 8000~10000mg/L。这样高盐度的水长年累月地排放到环境中，会造成特定的水域中鱼和水生物的死亡；周围土地严重盐碱化使得庄稼歉收，甚至绝收。近年来，盐污染对环境的损害越来越被人们重视，有些地方已推出废水排放的限盐标准，如新疆地区颁布的 DB65 4293—2020《印染废水排放标准》中规定染色工厂排放废水的含盐量须小于 3800mg/L。若通过深度处理过程，即将生化处理后的染色废水再经过反渗透膜处理，电渗析处理，和 MVR 蒸化 3 步处理，使含盐废水浓缩后蒸化成固体盐析出。这过程可有效降低废水中的盐含量，实现达标排放，但是这样的处理需要耗费大量的能源，废水处理费用从 5~6 元/t（仅生化处理）猛增到 18~22 元/t（生化+深度处理）。这样高的染色废水处理费用，染色生产企业难以承受。

在染色生产过程中将染色残液分开收集，单独脱色处理后回用，可使其余的染色废水含盐量降低 60%~70%（小于 3800mg/L），无须深度处理即可达标排放，从而显著降低废水处理的费用。同时，大量盐的回用可节约 70% 的购盐费用。这些费用的节约，足以补偿染色残液盐回用系统的运行费用。因此染色残液盐回用系统的应用不仅能够降低棉染企业染色废水中的盐含量，显著减轻棉染生产过程对环境造成的盐污染，改善染厂周围的水体状况和生态环境，节约大量能源，还能够不增加生产成本，给生产企业带来一定的经济效益。

第 4 章 "一带一路"沿线国家和地区纺织工业清洁生产潜力分析与实施路径

4.1 "一带一路"沿线国家和地区纺织工业清洁生产潜力分析

本章对纺织工业的生命周期系统进行介绍,以中国为主要研究分析对象。对水耗、能耗和温室气体排放的边界选择进行说明,介绍资源消耗和排放的各个阶段;整合出主要纺织品的生产路径清单,给出了水耗、能耗和温室气体排放的计算方法;并对结果进行时间和空间分析。

4.1.1 生命周期边界、核算对象和路径
4.1.1.1 生命周期核算边界

纺织工业与其他行业最大的不同之处在于其原材料及产品的多样性以及加工方式的复杂性。纺织工业多样化的原材料对应多样的"摇篮"阶段,包括棉花的种植、蚕或羊的养殖以及石油开采等方面。经过原材料的开采加工、纺纱、织造、印染和成品整理等过程,最终变成纺织产品(如服装产品、工业用纺织品、家居纺织品等)。因此,纺织工业全产业链包括一系列过程:原材料生产、收集和加工、纺织(纺纱和织造)、印染、成品整理(图 4-1、图 4-2)。核算边界的选择很大程度上决定着纺织产品生命周期的结果。目前的研究对纺织品核算边界的选择多种多样,其中分析核算边界最多的为"纤维生产→纺织品废弃阶段",大约占比 15.19%,其次较为集中的阶段为"种植/养殖→纤维生产"阶段和"种植/养殖→废弃阶段",文献占比约为 12.66%。已有的纺织品生命周期评价的边界大致分为两种:从"摇篮"到"坟墓"和从"门"到"门"。纺织工业产业链众多,对应"门"的种类也多种多样,造成核算边界的不统一。除核算边界外,不同地区对生命周期研究应用的数据库也存在着差异,目前常用的生命周期数据库主要包括:瑞士的 Ecoinvent、德国的 GaBi、欧盟的 ELCD、澳大利亚的 AusLCI 以及中国的 CLCD。核算边界的不统一及数据库选择的不统一造成了纺织品生命周期评价结果的不可比性。例如,Fidan 等研究了 8 种以棉为原料的牛仔布的生命周期

影响，其中包括100%原生棉、100%回收棉以及不同比例混合的棉的生命周期影响。原生棉的生命周期边界由"棉花种植"一直到"牛仔布成品"。Li等研究了棉坯布对成品制造环节的影响，其边界为"棉坯布"到"棉印花布"。尽管两者的研究对象都为棉纺织品，但其边界选择的不同，导致两者的研究结果并不具备可比性。

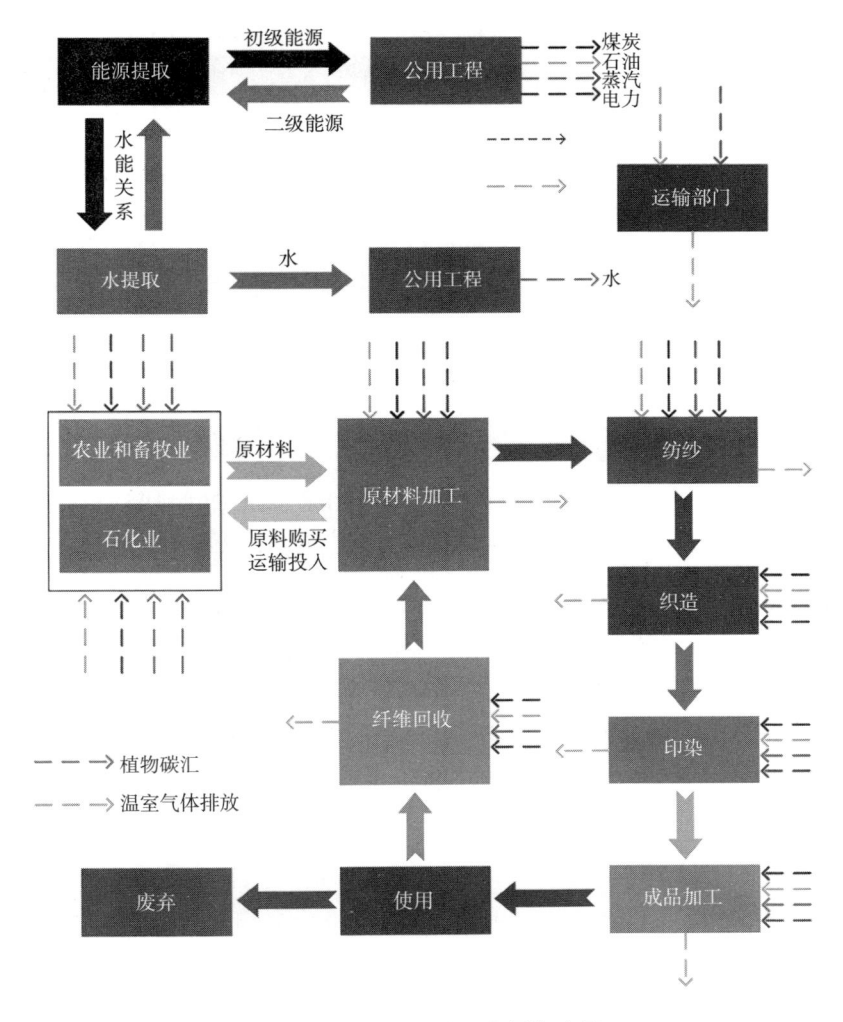

图 4-1　纺织工业的生命周期边界

4.1.1.2　生命周期核算对象

文献的发文量是衡量该领域研究情况的一个重要指标。图4-3所示为2002～2021年纺织产品生命周期研究发文量，由图可知，相关的中文文献在

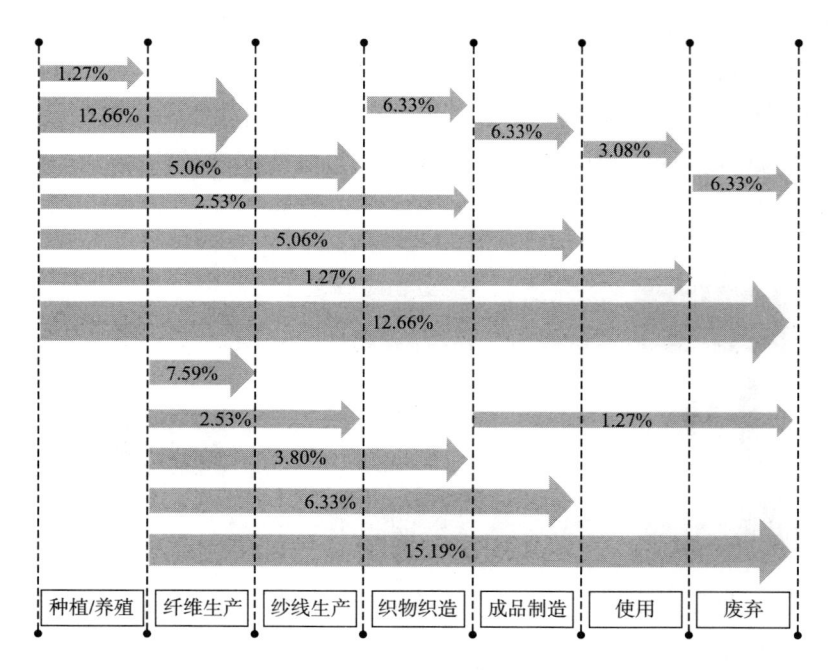

图 4-2　纺织产品 LCA 研究案例核算边界分布

2002～2010年的发文量较少。早期关于纺织品生命周期研究大多集中在对纺织产品生命周期概念的梳理、核算边界的讨论、评价方法的选择等。在 2010 年之后，随着发文量的增加，生命周期理论的发展和完善，对纺织品生命周期的研究也进一步加深，逐渐开始转向于生命周期环境影响的核算，包括纺织品生命周期环境足迹、碳足迹及水足迹等的研究。

通过对纺织品生命周期相关文献进行调研，对文献中的研究对象进行分类分析，其结果如图 4-4 所示。对纺织产品的研究多聚焦于棉、聚酯纤维（涤纶）、羊毛和羊绒、麻、再生纤维素纤维、腈纶、氨纶、丝和锦纶等纤维材料上。其中，棉纺织品的生命周期评估研究最高，占比约 43.56%，其次为聚酯纤维（18.81%）、羊毛和羊绒类纺织品（11.88%）。因此，本部分的生命周期核算对象选取常见纺织品中的棉（针织棉坯布、机织棉坯布）、涤纶（针织涤纶坯布、机织涤纶坯布）以及棉质牛仔裤作为研究对象，利用生命周期评价量化 4 种坯布在湿处理过程中的环境指标以及棉质牛仔布的全生命周期环境指标。

4.1.1.3　生命周期路径

中国纺织工业的原材料种类繁多且生产加工方式关系复杂。纺织产品所选择的加工制造方式受到原材料种类、获取、产品用途等多种因素的影响，并且不同

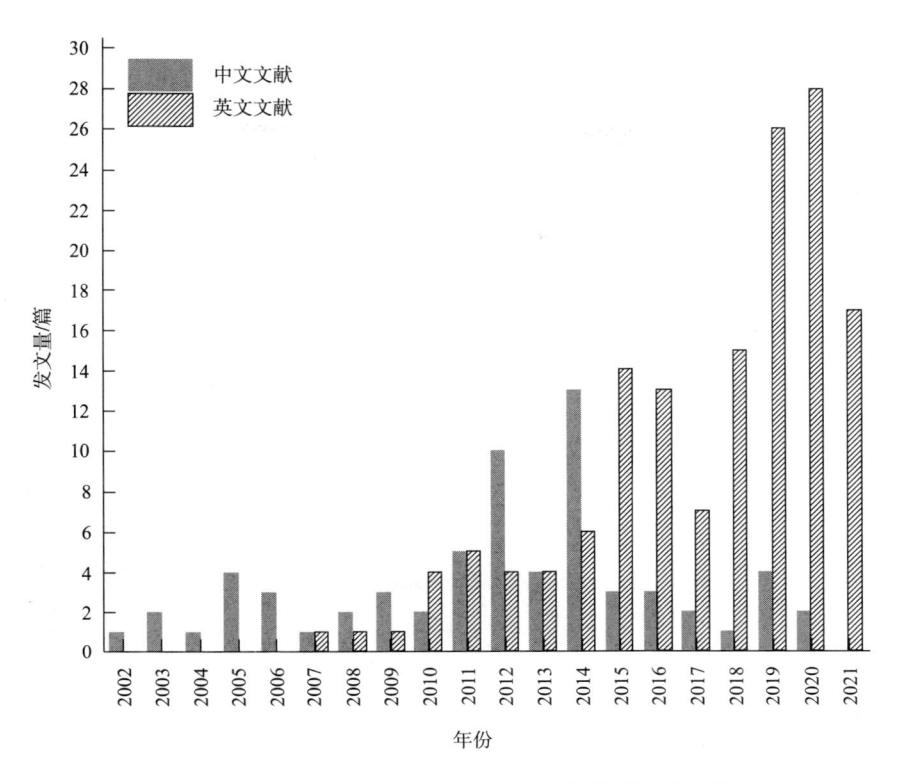

图 4-3　2002～2021 年纺织产品生命周期研究发文量

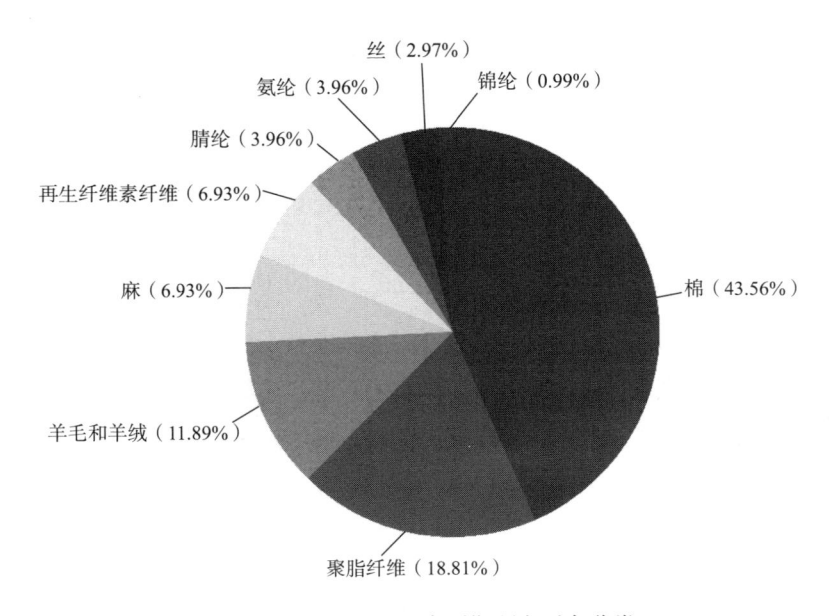

图 4-4　纺织产品生命周期研究对象分类

用途的纺织产品（如服装产品、工业用纺织品和家居纺织品等）需要按照特定的处理及加工方式进行生产。目前国内纺织企业对产品的加工方式的选择还未形成一套相应的标准。本章在对我国纺织企业进行产量统计的同时，对其原材料和纺织产品种类之间的关系进行了总结。图4-5是选取中国纺织工业常见的原材料和纺织品种类之间的生产关系，即常见纺织品的生命周期路径。

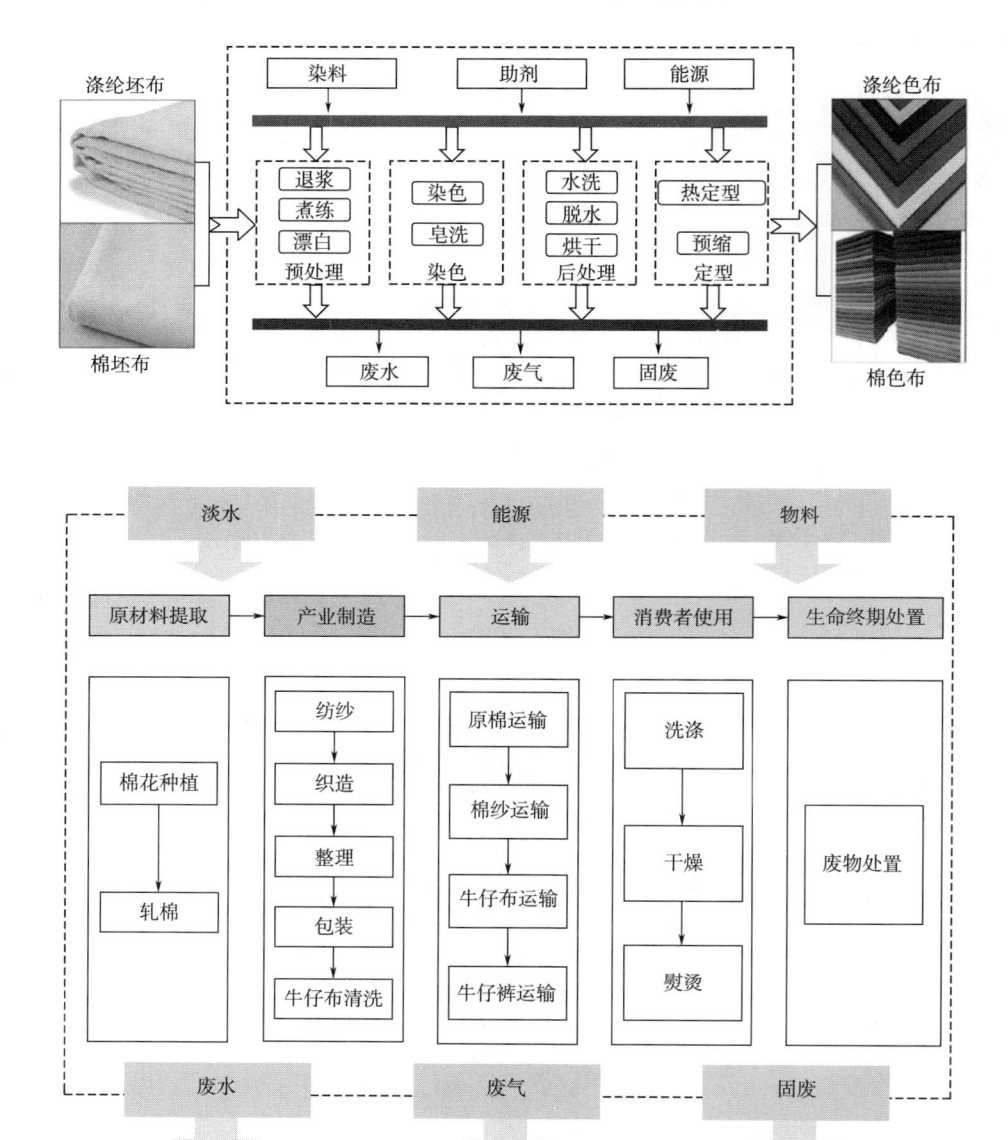

图4-5　常见纺织品的生命周期路径

纺织品的不同用途会影响原材料的选择和生产加工方式，纺织原料作为纺织业的上游行业，在很大程度上受纺织业发展的推动。目前我国国内三大纺织原料是棉花、涤纶和黏胶纤维。

4.1.2 全生命周期计算

4.1.2.1 生命周期水足迹计算方法

这一部分，选取水足迹的评价方法来对生命周期水耗进行计算评估。水足迹作为一项水资源使用的综合指标，能够对某一过程或者某个产品的直接用水与间接用水情况进行关注与核算。通过对棉花生产阶段的水足迹、棉质牛仔裤全生命周期的水足迹以及常见织物的湿处理阶段的水足迹进行评估使水资源消耗量的计算更加全面、合理。通过核算纺织品水足迹，能够提高整个行业的环保意识，为纺织工业的可持续性发展提供了有利条件，同时，也有利于各企业了解自己的生产流程，寻求可以节水的环节，为企业自身节约成本，形成差异化的竞争优势，提高企业的竞争力。

（1）**纺织产业链上游**

原材料获取及加工部分水足迹。以棉花为例，2020年我国约87.3%棉花产自新疆。作物生产水足迹可表示该地区为生产单位农产品而消耗的水资源数量，包括雨水资源和灌溉水资源及生态环境需水，即绿水足迹、蓝水足迹和灰水足迹。本部分主要关注棉花生产过程中的消耗性用水，因此暂不考虑灰水足迹。

①生产水足迹的计算方法：

$$PWF=PWF_{blue}+PWF_{green}+PWF_{grey} \quad (4-1)$$

式中：PWF_{blue}——生产水足迹蓝水足迹，m^3/kg；

PWF_{green}——生产水足迹绿水足迹，m^3/kg；

PWF_{grey}——生产水足迹灰水足迹，m^3/kg。

②生产水足迹绿水足迹的计算方法：

$$PWF_{green}=CWU_{green}/Y \quad (4-2)$$

$$CWU_{green}=10\times\sum_{1}^{lgp}ET_{green} \quad (4-3)$$

$$ET_{green}=\min(ET_c, P_{eff}) \quad (4-4)$$

式中：CWU_{green}——作物绿水用量，$m^3/公顷$；

Y——单位面积产量，$t/公顷$；

ET_{green}——作物绿水需水量，mm；

ET_c——作物蒸发蒸腾量，mm；

P_{eff}——有效降水量，mm；

lgp——作物生长期总天数，d；

10——单位换算系数。

③生产水足迹蓝水足迹的方法：

$$PWF_{blue}=CWU_{blue}/Y \qquad (4-5)$$

$$CWU_{blue}=10 \times \sum_{1}^{lgp} ET_{blue} \qquad (4-6)$$

$$ET_{blue}=\max(0, ET_c-P_{eff}) \qquad (4-7)$$

式中：CWU_{blue}——作物蓝水用量，m³/公顷；

ET_{blue}——作物蓝水需水量，mm。

④水足迹的计算方法：

$$WF=WF_{blue}+WF_{green} \qquad (4-8)$$

式中：WF_{blue}——蓝水足迹，m³；

WF_{green}——绿水足迹，m³。

⑤蓝水、绿水足迹的计算方法：

$$WF_{blue}=PWF_{blue} \times P \qquad (4-9)$$

$$WF_{green}=PWF_{green} \times P \qquad (4-10)$$

式中：WF_{blue}——蓝水足迹，m³；

WF_{green}——绿水足迹，m³；

P——棉花总产量，kg。

（2）棉质牛仔裤生命周期水足迹

目前常用的两种产品水足迹的计算方法为水足迹网络（water footprint network，WFN）和 ISO 14046 方法。与传统的 WFN 方法不同，ISO 14046 方法将水足迹划分为水稀缺足迹（water scarcity footprint，WSF）和水劣化足迹（water depletion footprint，WDF），分别用于衡量与水量和水质负面变化有关的潜在的环境影响。WSF 中纳入了区域水压力指数（water stress index，WSI），该指数由年度淡水总取水量与水文可利用量的比率定义，使不同地区类似产品的用水量具有可比性。而 WDF 则是细化了不同污染物对水质的影响，包括水体富营养化足迹、水酸化足迹和水生态毒性足迹等。因此，本节将采用 ISO 14046 方法作为水足迹的基本方法。WSF 和 WDF 的计算方法如下：

$$WSF_u(x) = \frac{WSI_R}{WSI_G} \times V(x) \qquad (4-11)$$

$$WDF_u(x) = \sum_{i=1}^{m} M_i(x) \times f_i \quad (4-12)$$

式中：$WSF_u(x)$——水足迹单元的水稀缺足迹，X 为特定的工艺单元，$m^3H_2Oeq./t$；

WSI_R——工艺单元所在区域的 WSI（$0.01 < WSI_R < 1$），0.478；

WSI_G——全球平均 WSI 值，0.602；

$V(x)$——特定工艺单元的淡水消耗量，m^3/t；

$WDF_u(x)$——水足迹单元的水劣化足迹，包括水体富营养化足迹（$kgPO_4^{3-}eq./t$），水酸化足迹（$kgSO_2$，$kgSO_2eq./kg$ 或 $m^3H_2Oeq./kg$）。

（3）纺织产业链中游

以纺织品湿处理过程水足迹为例。对于印染企业来说，大部分企业的用水来源包括自来水及地表水（河水）。厂区内的用水主要分为：生产性用水和其他非生产性用水。

①生产性用水。企业的用水主要在前处理工序［包括退浆废水、煮练废水、漂白废水、丝光用水（丝光机内排放的逆流水洗）和碱减量工序废水（碱减量机内）］、染色工序、染色后水洗工序以及印花工序。此外，若考虑织物的返修率，则还有返修用水。

②其他非生产性用水。企业内的非生产性用水主要包括车间地面清洁用水、定型机尾气处理用水、设备的冷却用水和员工生活用水等。

为了更微观地评价纺织工业各工艺单元的水足迹情况，选取具有代表性的湿处理单元（包括前处理、染色、后处理、定型），通过 GaBi 软件计算四种织物在湿处理过程中的水足迹情况，其中，功能单元为 1t 织物。水劣化足迹通过影响淡水富营养化和淡水生态毒性进行评价。影响类别均选择常见的生命周期评价方法：ReCiPe 方法。纺织工业生产主要用水工序见表 4-1。

表 4-1 纺织工业生产主要用水工序

生产类型	主要耗水环节
棉针织厂	空调、煮练、染色、漂白、碱缩、后整理
棉机织厂	空调、上浆、退浆、酸处理、漂白、丝光
毛纺织厂	洗毛、染色、缩绒、后整理
苎麻纺织厂	脱胶、染色、整理
丝织厂	缫丝、精练、染色、整理
黏胶纤维厂	蒸煮、漂洗、原液、纺丝、后整理
棉、混纺和化纤布印染厂	退浆、煮练、漂白、丝光、染色、印花、整理
制衣厂	空调、洗水、后整理

4.1.2.2 生命周期能耗计算方法

利用单一原材料生产特定纺织品的生命周期总能耗（E）包括以下几个耗能阶段：原材料获取（EM）、纺纱（ES）、织造（EW）、印染（$ED\&P$）、成品加工（EF）和物料运输（ET），计算公式如下：

$$E=EM+ES+EW+ED\&P+EF+ET \tag{4-13}$$

在这一部分，利用 GaBi 软件计算四种织物湿处理过程从"门"到"门"的一次能源需求（包括可再生能源和不可再生能源）。

4.1.2.3 生命周期碳足迹计算方法

由于气候变化问题日益突出以及人类对环境保护和可持续发展的日益重视，产品碳足迹问题受到了越来越多的关注。在 2020 年 9 月的联合国大会一般性辩论上国家主席习近平承诺中国将力争在 2030 年前实现碳达峰，2060 年前实现碳中和。《纺织行业"十四五"发展纲要》目标要求，"十四五"期间，纺织工业绿色发展水平应达到新高度，包括用能结构进一步优化，能源和水资源利用效率进一步提升，单位工业增加值能源消耗、二氧化碳排放量分别降低 13.5% 和 18%。

单位质量的纺织品生命周期温室气体排放（G）来自原材料获取（GM）、纺纱（GS）、织造（GW）、印染（$GD\&P$）、成品加工（GF）和物料运输（GT），除此之外，对于棉织物来说，其原料来源于棉花种植，因此还包括温室气体的吸收阶段：植物生长的碳汇（CS），计算公式如下：

$$G=GM+GS+GW+GD\&P+GF+GT-CS \tag{4-14}$$

（1）纺织产业链上游

原料加工获取部分碳排放核算。以棉纺织工业为例，棉花作为棉纺织的原料，其生产过程的碳排放来源主要可分为以下几类：

①由化肥、农膜、农耕机械使用等物质投入带来的直接或间接碳排放；

②种植地翻耕带来的土壤有机碳排放量；

③农业灌溉过程带来的碳排放量等，计算公式如下：

$$E_m=\sum C_i=\sum X_i f_i \tag{4-15}$$

式中：E_m——碳排放总量；

C_i——棉花生产各过程中碳排放量；

X_i——棉花生产过程中各过程物质的实际投入量；

f_i——棉花生产过程中各物质的排放系数。

棉花生产过程中除了碳排放外，还有相当部分的植物碳汇。棉花作为大田作物，其碳汇能力是所有农作物中最强的，因此棉花种植过程中的碳汇并不能直接忽略。其中，棉花生产过程中对碳的吸收量的计算公式为：

$$E=\frac{C_f Y}{H} \quad (4-16)$$

式中：E——碳吸收量；

C_f——棉花生产过程中光合作用合成范围质量干物质所需要吸收的碳（取 0.45）；

Y——棉花的产量（本部分指棉花籽棉或皮棉的收获量）；

H——棉花的经济系数（取 0.1）。

(2) **纺织产业链中游：纺织产品加工**

纺织印染企业碳排放情况可以分为：主要生产系统（纺纱、织造、印染、服装生产等）、辅助生产系统（动力、供水、供电、运输、检修等）和附属生产系统排放。本部分参考温室气体排放核算与报告要求第十二部分：纺织服装企业。其核算和报告范围：燃料燃烧排放，过程排放，废水处理排放，购入的电力、热力产生的排放和输出的电力、热力产生的排放。

①纺织产业温室气体排放总量等于核算边界内所有的燃料燃烧排放量、过程排放量、废水处理排放量、购入电力及热力产生的排放量之和，扣除输出的电力及热力产生的排放量，按下式计算：

$$E=E_{燃烧}+E_{过程}+E_{废水}+E_{购入电}+E_{购入热} \pm E_{输出电} \pm E_{输出热} \quad (4-17)$$

式中：E——报告主体温室气体排放总量，tCO_2；

$E_{燃烧}$——报告主体燃料燃烧二氧化碳排放量，tCO_2；

$E_{过程}$——报告主体过程二氧化碳排放量，tCO_2；

$E_{废水}$——报告主体废水处理温室气体排放量，tCO_2e；

$E_{购入电}$——报告主体购入的电力对应的二氧化碳排放量，tCO_2；

$E_{购入热}$——报告主体购入的热力对应的二氧化碳排放量，tCO_2；

$E_{输出电}$——报告主体输出的电力对应的二氧化碳排放量，tCO_2；

$E_{输出热}$——报告主体输出的热力对应的二氧化碳排放量，tCO_2。

②燃料燃烧排放。

a. 计算公式。生产过程中化石燃料燃烧产生的二氧化碳排放量是核算期内企业各种化石燃料燃烧产生的二氧化碳排放量的总和，按下式计算：

$$E_{燃烧}=\sum_{i=1}^{n}(AD_i \times EF_i) \quad (4-18)$$

式中：$E_{燃烧}$——核算期内消耗的化石燃料燃烧产生的二氧化碳排放，tCO_2；

AD_i——核算期内消耗的第 i 种燃料的活动数据，GJ；

EF_i——第 i 种燃料的二氧化碳排放因子，tCO_2/GJ；

i——化石燃料类型代号。

b.活动数据。核算期内燃料燃烧的活动数据是各种燃料的消耗量与平均低位发热量的乘积，按下式计算：

$$AD_i = NCV_i \times FC_i \quad (4-19)$$

式中：AD_i——核算期内消耗的第 i 种化石燃料的活动数据，GJ；

NCV_i——核算期内第 i 种化石燃料的平均低位发热量；固体或液体燃料，GJ/t；气体燃料，$GJ/10^4 N \cdot m^3$；

FC_i——核算期内第 i 种化石燃料的净消耗量；固体或液体燃料，t；气体燃料，$10^4 N \cdot m^3$。

c.排放因子数据。燃料燃烧的二氧化碳排放因子按下式计算：

$$EF_i = CC_i \times OF_i \times \frac{44}{12} \quad (4-20)$$

式中：EF_i——第 i 种燃料的二氧化碳排放因子，tCO_2/GJ；

CC_i——第 i 种燃料的单位热值含碳量，tC/GJ；

OF_i——第 i 种燃料的碳氧化率；

44/12——二氧化碳与碳的相对分子质量之比。

③过程排放。

a.计算公式。过程排放量为核算期内使用的各种碳酸盐分解产生的二氧化碳排放量的总和，按下式计算：

$$E_{过程} = \sum_{i=1}^{n} (E_{碳酸盐,i} \times f_i \times EF_{碳酸盐,i}) \quad (4-21)$$

式中：$E_{过程}$——核算期内的过程排放量，tCO_2；

$E_{碳酸盐}$——核算期内第 i 种碳酸盐的消耗量，t；

f_i——第 i 种碳酸盐的纯度，%；

$EF_{碳酸盐,i}$——第 i 种碳酸盐分解的二氧化碳排放因子，tCO_2/t 碳酸盐。

b.活动数据。所需的活动数据是核算期内各种碳酸盐的消耗量，不包括碳酸盐在使用过程中形成碳酸氢盐或 CO_3^{2-} 发生转移而不产生二氧化碳的部分。

c.排放因子数据。碳酸盐分解的二氧化碳排放因子按下式计算：

$$EF_{碳酸盐,i} = \frac{44}{M_{碳酸盐,i}} \quad (4-22)$$

式中：$EF_{碳酸盐,i}$——第 i 种碳酸盐分解的二氧化碳排放因子，tCO_2/t 碳酸盐；

44——二氧化碳的相对分子质量；

$M_{碳酸盐, i}$——第 i 种碳酸盐的相对分子质量。

④废水处理排放。

a. 计算公式。

在生产过程中产生的工业废水经厌氧处理会产生甲烷。废水处理产生的温室气体排放量按下式计算：

$$E_{废水} = E_{CH_4} \times GWP_{CH_4} \quad (4-23)$$

式中：$E_{废水}$——厌氧处理过程产生的温室气体排放量，tCO_2e；

E_{CH_4}——核算期内废水厌氧处理排放的甲烷量，t；

GWP_{CH_4}——甲烷的全球变暖潜势值，取 21。

b. 活动数据。

甲烷排放量按下式计算：

$$E_{CH_4} = TOW \times EF - R \quad (4-24)$$

式中：E_{CH_4}——核算期内废水厌氧处理排放的甲烷量，t；

TOW——废水厌氧处理去除的有机物总量，tCOD；

EF——甲烷排放因子，tCH_4/COD；

R——甲烷回收量，t。

其中废水厌氧处理去除的有机物总量按下式计算：

$$TOW = W \times (COD_{in} - COD_{out}) \times 10^{-3} \quad (4-25)$$

式中：TOW——废水厌氧处理去除的有机物总量，tCOD；

W——厌氧处理的废水量，m^3；

COD_{in}——厌氧处理系统进口废水的每立方米千克化学需氧量（$kgCOD/m^3$），采用检测值的平均值；

COD_{out}——厌氧处理系统出口废水的每立方米千克化学需氧量（$kgCOD/m^3$），采用检测值的平均值。

c. 排放因子数据。采用下式计算：

$$EF = B_0 \times MCF \quad (4-26)$$

式中：EF——甲烷排放因子，$tCH_4/tCOD$；

B_0——废水厌氧处理系统的甲烷生产潜力，$tCH_4/tCOD$；

MCF——甲烷修正因子。

⑤购入/输出的电力和热力产生的排放。

a. 计算公式。

购入的电力所对应的电力生产环节产生的二氧化碳排放量，按下式计算：

$$E_{购入电} = AD_{购入电} \times EF_{电力} \qquad (4-27)$$

式中：$E_{购入电}$——购入电力所产生的二氧化碳排放量，tCO_2；

$AD_{购入电}$——核算期内购入的电量，$MW \cdot h$；

$EF_{电力}$——电力的二氧化碳排放因子，$tCO_2/(MW \cdot h)$。

输出的电力所对应的电力生产环节产生的二氧化碳排放量，按下式计算：

$$E_{输出电} = AD_{输出电} \times EF_{电力} \qquad (4-28)$$

式中：$E_{输出电}$——购入电力所产生的二氧化碳排放量，tCO_2；

$AD_{输出电}$——核算期内购入的电量，$MW \cdot h$；

$EF_{电力}$——电力的二氧化碳排放因子，$tCO_2/(MW \cdot h)$。

购入的热力所对应的热力生产环节产生的二氧化碳排放量，按下式计算：

$$E_{购入热} = AD_{购入热} \times EF_{热力} \qquad (4-29)$$

式中：$E_{购入热}$——购入热力所产生的二氧化碳排放量，tCO_2；

$AD_{购入热}$——核算期内购入的热力量，GJ；

$EF_{热力}$——热力的二氧化碳排放因子，tCO_2/GJ。

输出的热力所对应的热力生产环节产生的二氧化碳排放量，按下式计算：

$$E_{输出热} = AD_{输出热} \times EF_{热力} \qquad (4-30)$$

式中：$E_{输出热}$——购入热力所产生的二氧化碳排放量，tCO_2；

$AD_{输出热}$——核算期内购入的热力量，GJ；

$EF_{热力}$——热力的二氧化碳排放因子，tCO_2/GJ。

b. 活动数据。以质量单位计量的蒸汽可按下式转换为热量单位：

$$AD_{蒸汽} = Ma_{st} \times (En_{st} - 83.74) \times 10^{-3} \qquad (4-31)$$

式中：$AD_{蒸汽}$——蒸汽的热量，GJ；

Ma_{st}——蒸汽的质量，t；

En_{st}——蒸汽所对应的温度、压力下每千克蒸汽的热焓，kJ/kg。

c. 排放因子数据。电力排放因子采用国家主管部门公布的电网排放因子 0.5810 $tCO_2/(MW \cdot h)$。热力排放因子取推荐值 $0.11 tCO_2/GJ$。

4.1.3 纺织工业的生命周期

4.1.3.1 纺织生命周期水耗

（1）1980~2009年棉花生产水足迹

新疆地区 1980~2009 年棉花种植水足迹如图 4-6 所示。在气候条件因素和棉花单位面积产量提高等因素的共同影响下，棉花生产水足迹呈现波动下降的趋势。1980～2009年棉花生产水足迹平均为7.36m³/kg。

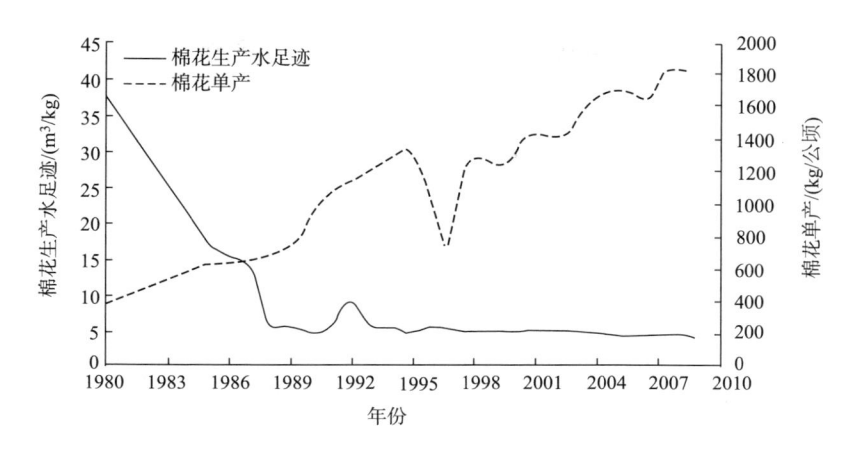

图4-6 新疆地区棉花种植水足迹年际变化

近三十年的棉花生产水足迹大致可以分为三个阶段：即1980～1988年快速下降阶段，1989～1996年波动阶段和1997～2009年缓慢下降阶段。其中，在快速下降阶段，棉花生产水足迹下降了31.5m³/kg，在1988年下降到了6.19m³/kg。在缓慢下降阶段，棉花生产水足迹由1997年的5.29m³/kg下降到了2009年的4.07m³/kg，这主要是由于从2005年开始新疆地区进行了大型灌溉区节水改造工程，棉花的有效灌溉面积及棉花单产有所增加。

（2）棉质牛仔布生命周期水足迹

图4-7说明了棉质牛仔裤在不同生命周期过程中的水稀缺足迹。图中显示，棉花种植过程对水稀缺足迹的贡献最大（12.27m³H_2Oeq./条牛仔裤），占总数的近90%。这主要是因为棉花生长过程需要水来维持细胞活动。然而，我国大部分的棉花种植位于新疆，其气候特征为温带大陆性气候，降水量稀少。因此，棉花的种植用水大多为人工浇灌所致。消费者使用阶段的洗涤过程是水稀缺足迹的第二大贡献者（1.37m³H_2Oeq./条牛仔裤）。这主要受消费者清洗习惯的影响，洗涤的次数、频率、单次洗涤的用水量都会影响该阶段的水稀缺足迹。

图4-8显示了棉质牛仔裤在不同生命周期的水富营养化足迹和水生态毒性足迹。由图4-8（a）可知，牛仔裤水富营养化足迹的影响主要发生在洗涤、织造、棉花种植和整理阶段。其中，消费者使用过程洗涤阶段影响最大主要是国内的洗涤剂中大多含有磷元素，磷是造成水体富营养化的主要影响因素之一。而生产制造阶段主要是加工过程中所用到的染料、助剂等会残留在水体中。而在棉花种植阶段，水体富营养化足迹较高主要是因为种植过程中，对作物施加的氮肥会在地表径

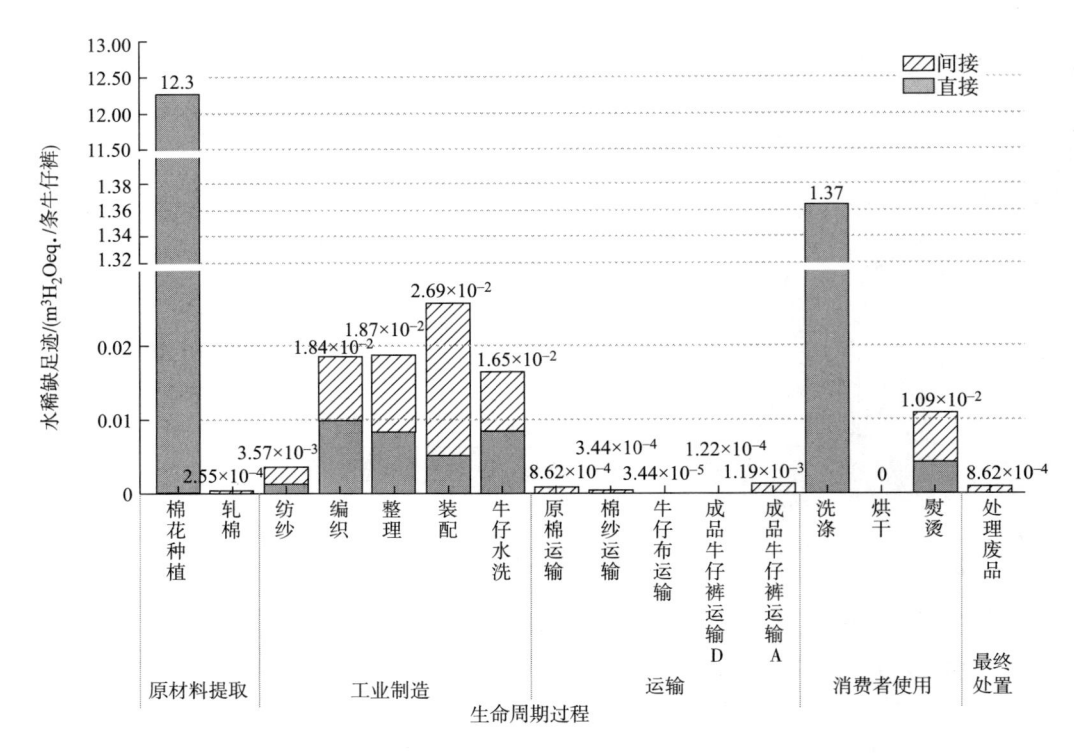

图 4-7 棉质牛仔裤生命周期水稀缺足迹

流的作用下流入水体中。图 4-8（b）表明间接过程在棉质牛仔布生命周期过程中占主导地位，棉质牛仔裤生命周期阶段水生态毒性的影响主要来自基本能源和材料的生产和运输。在这些阶段里，整理、牛仔布洗涤和织造被认为是主要的贡献者。

（3）棉、涤纶坯布湿处理过程水足迹

图 4-9 显示了四种坯布在湿处理过程中的水稀缺足迹。在所有的水稀缺足迹中，机织涤纶坯布的湿处理过程的水稀缺足迹最高（53.8 $m^3H_2Oeq.$），其次分别为机织棉坯布（52.3 $m^3H_2Oeq.$）、针织棉坯布（39.1 $m^3H_2Oeq.$）和针织涤纶坯布（20 $m^3H_2Oeq.$）。不同坯布的织造方式在湿处理过程中的水稀缺足迹有很大不同。与针织的织造方式相比，机织的坯布在湿处理过程中有更高的水稀缺足迹。对于针织坯布的水稀缺足迹影响较大的单元是染色，而机织坯布的水稀缺足迹影响较大的单元则为前处理单元。

如图 4-10 为四种坯布湿处理过程的水劣化足迹，其评价方法包括淡水富营养化足迹和淡水生态足迹。由图 4-10 可知，四种坯布湿处理过程中，淡水富营养化足迹最高的为针织涤纶坯布（0.195 kgPeq.），其次分别为机织涤纶坯布（0.102 kgPeq.）、机织棉坯布（0.007 kgPeq.）和针织棉坯布（0.004 kgPeq.）。而淡水生态毒性足迹

第4章 "一带一路"沿线国家和地区纺织工业清洁生产潜力分析与实施路径

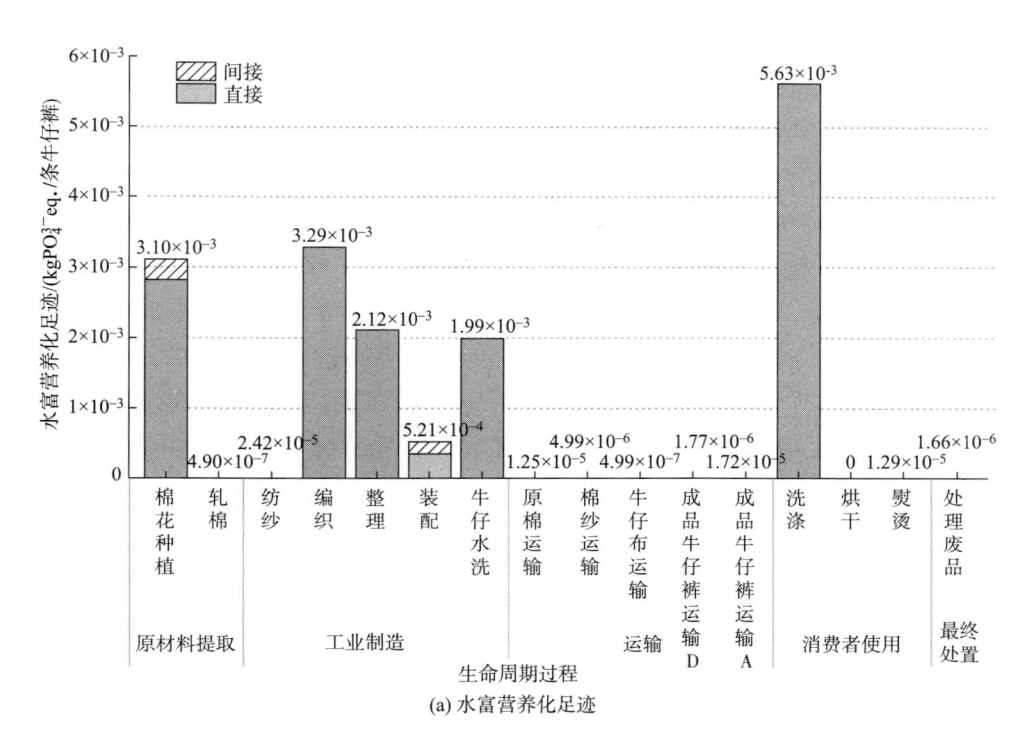

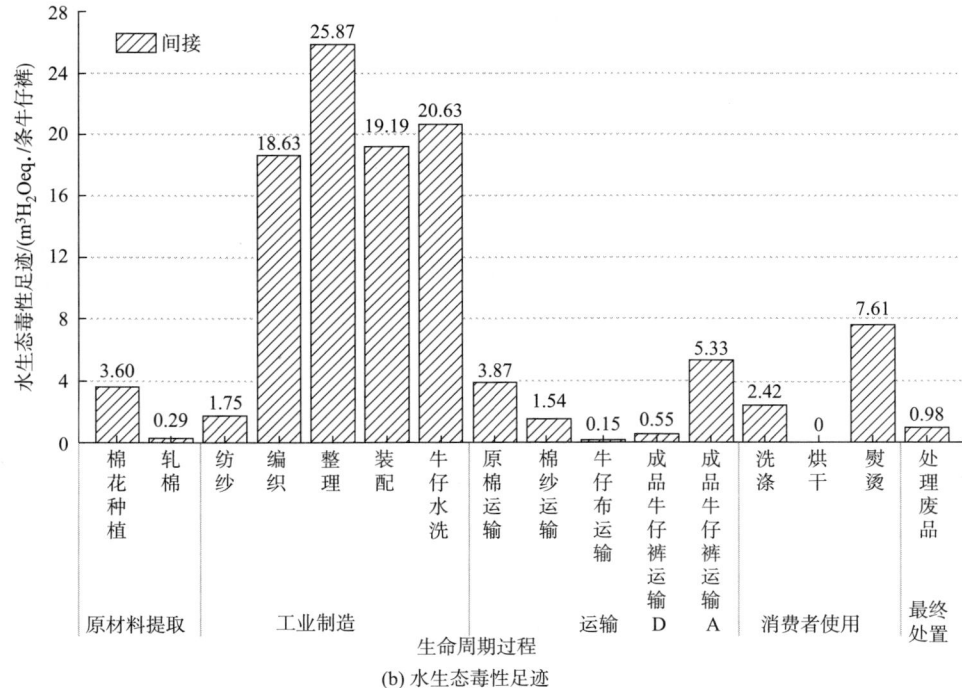

(a) 水富营养化足迹

(b) 水生态毒性足迹

图 4-8 棉质牛仔裤水劣化足迹

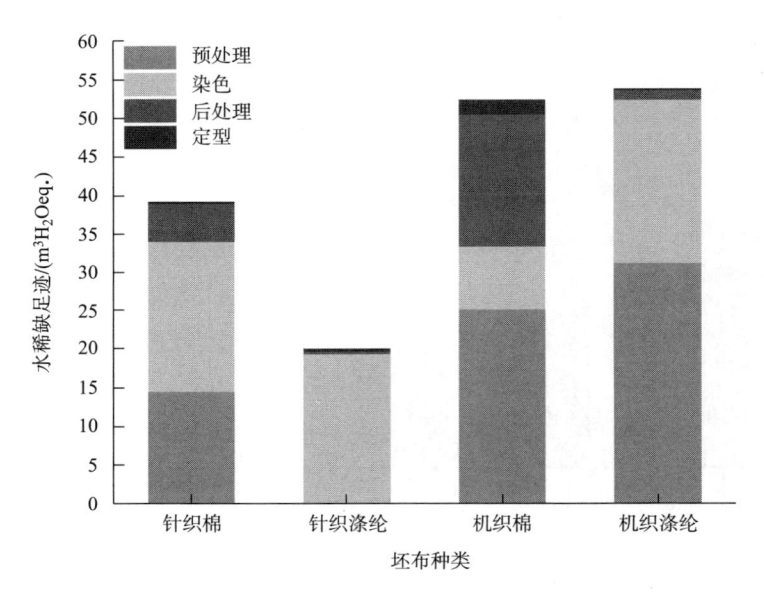

图 4-9　不同坯布湿处理过程的水稀缺足迹

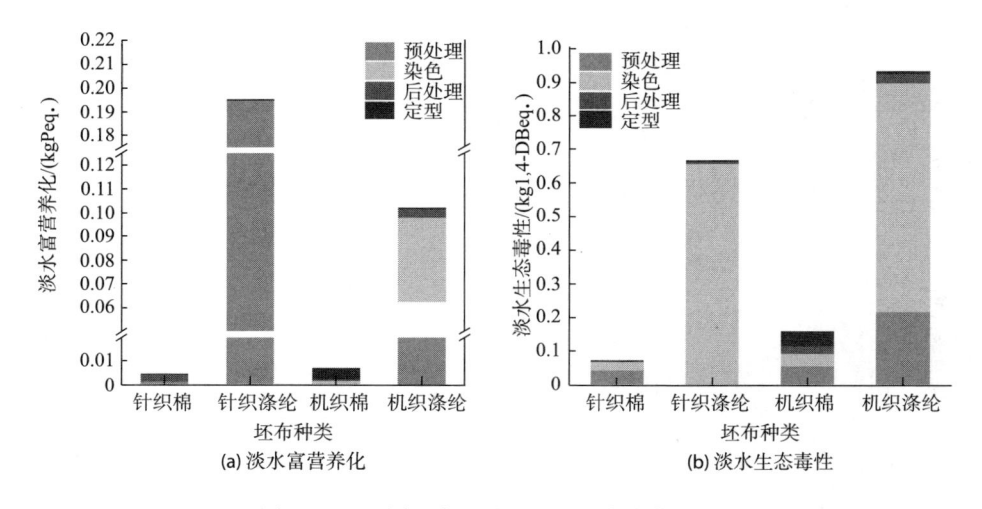

图 4-10　不同坯布湿处理过程淡水劣化足迹

最高的为机织涤纶坯布（0.932kg1,4-DBeq.），其次分别为针织涤纶坯布（0.665 kg1,4-DBeq.）、机织棉坯布（0.157kg1,4-DBeq.）和针织棉坯布（0.072kg1,4-DBeq.）。四种坯布湿处理过程水劣化足迹的主要原因为湿处理过程中所投加的染料、助剂等化学药剂残留在废水中，最终排放到自然水体对环境产生的影响。

4.1.3.2　纺织生命周期能耗

如图 4-11 为四种坯布湿处理过程中一次能源需求情况（包括可再生和不可

再生能源)。其中,针织棉的湿处理过程中的一次能源需求最低(7660MJ),机织涤纶的湿处理过程一次能源需求最高(91200MJ)。除此之外,可以发现,同一种材料的坯布,不同的织造方式在湿处理过程中的能源需求不同,机织的织造方式在湿处理过程中的能源需求往往比针织的织造方式更高。而同一种织造方式之间,不同的原料在湿处理过程中能源需求也有较大差距,以涤纶为原料的坯布在湿处理过程中的能源需求比棉要高得多。类似地,在湿处理过程中对能源需求最高的处理单元为染色。在坯布的染色处理过程中,需要投入许多的能源、染料、助剂等。除此之外,染色过程的生命周期能耗还可以追溯到投入的染料、助剂等生产过程的能耗。因此,染色单元在湿处理过程中的能源需求较高也就不足为奇了。

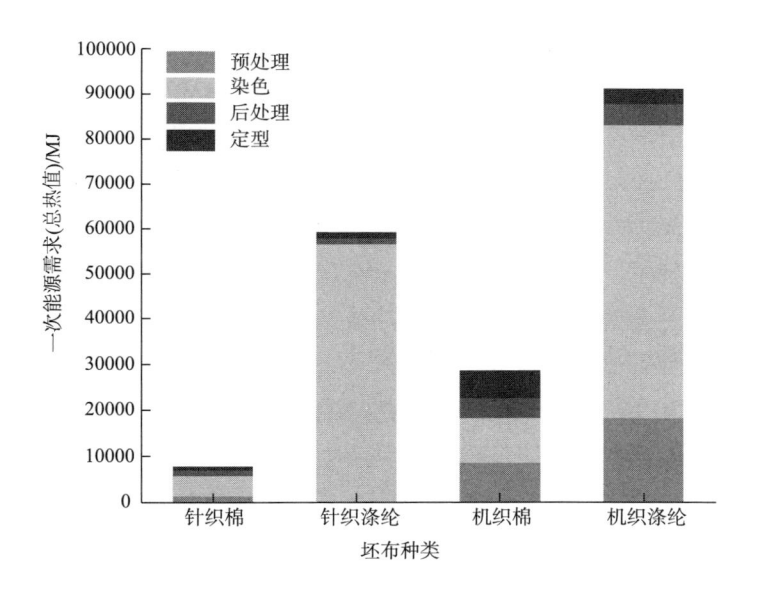

图 4-11 不同坯布湿处理过程一次能源需求

4.1.3.3 纺织品生命周期碳足迹

(1)棉花生产过程碳足迹

表 4-2 为根据新疆棉花生产过程中各碳排放源的投入数据,估算得到 2011～2016 年新疆棉花产业生产的碳排放量。新疆棉花生产过程中的碳排放量整体呈现快速上升后降低的趋势。碳吸收量以及碳盈余量则是呈现一个先增加后波动的趋势。总体看来,新疆棉花生产碳排放于 2015 年达到峰值,具体为 298.205 万吨。到 2016 年,碳排放总量有所下降且碳吸收量上升,表明新疆地区正努力改变生产经营方式,在棉花种植过程中推进发展绿色种植取得一定成效。

表 4-2　2011～2016年新疆棉花生产碳排放量　　　　　　　　　　单位：万吨

年份	碳排放量						碳排放总量	碳吸收总量	碳汇盈余量
	化肥	农膜	农用柴油	农业机械	农地翻耕	农业灌溉			
2011	79.507	49.638	13.176	0.106	51.206	34.026	227.658	1303.965	1076.307
2012	82.136	52.279	14.308	0.119	53.792	35.968	238.601	1592.775	1354.174
2013	81.668	51.000	15.123	0.129	53.713	41.902	243.535	1583.100	1339.565
2014	117.637	60.709	15.470	0.149	61.060	41.957	296.981	1654.740	1357.759
2015	121.593	60.073	15.900	0.148	59.528	40.962	298.205	1576.350	1278.145
2016	95.595	56.805	15.106	0.141	56.529	38.546	262.623	1617.300	1354.677

（2）棉、涤纶坯布湿处理过程碳足迹

图4-12是纺织工业常见坯布湿处理过程的生命周期碳足迹，与一次能源需求结果相仿，涤纶坯布的湿处理过程相较于棉坯布具有更高的生命周期碳足迹，其中机织涤纶坯布的碳足迹最高（3640 $kgCO_2eq./t$），几乎为针织棉坯布（368 $kgCO_2eq./t$）的近十倍。对于四种坯布的湿处理过程，染色单元是湿处理过程中碳足迹最大的环节。而对于棉坯布来说，影响湿处理过程碳足迹的主要为电力的消耗以及染色单元所使用的染料、助剂等的生产。与棉坯布的湿处理过程不同，涤纶坯布湿处理过程中，对碳足迹影响较大的主要是清洁剂的使用及电能的消耗（图4-13）。这其中还可以追溯到生命周期过程中，清洁剂生产加工以及电能产生所消耗的煤炭等的碳排放。

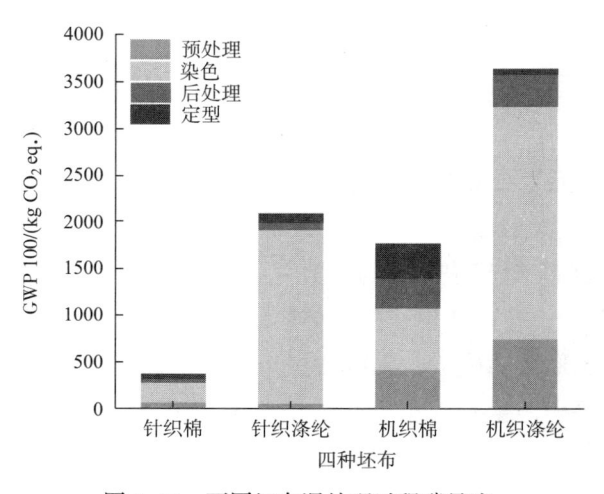

图4-12　不同坯布湿处理过程碳足迹

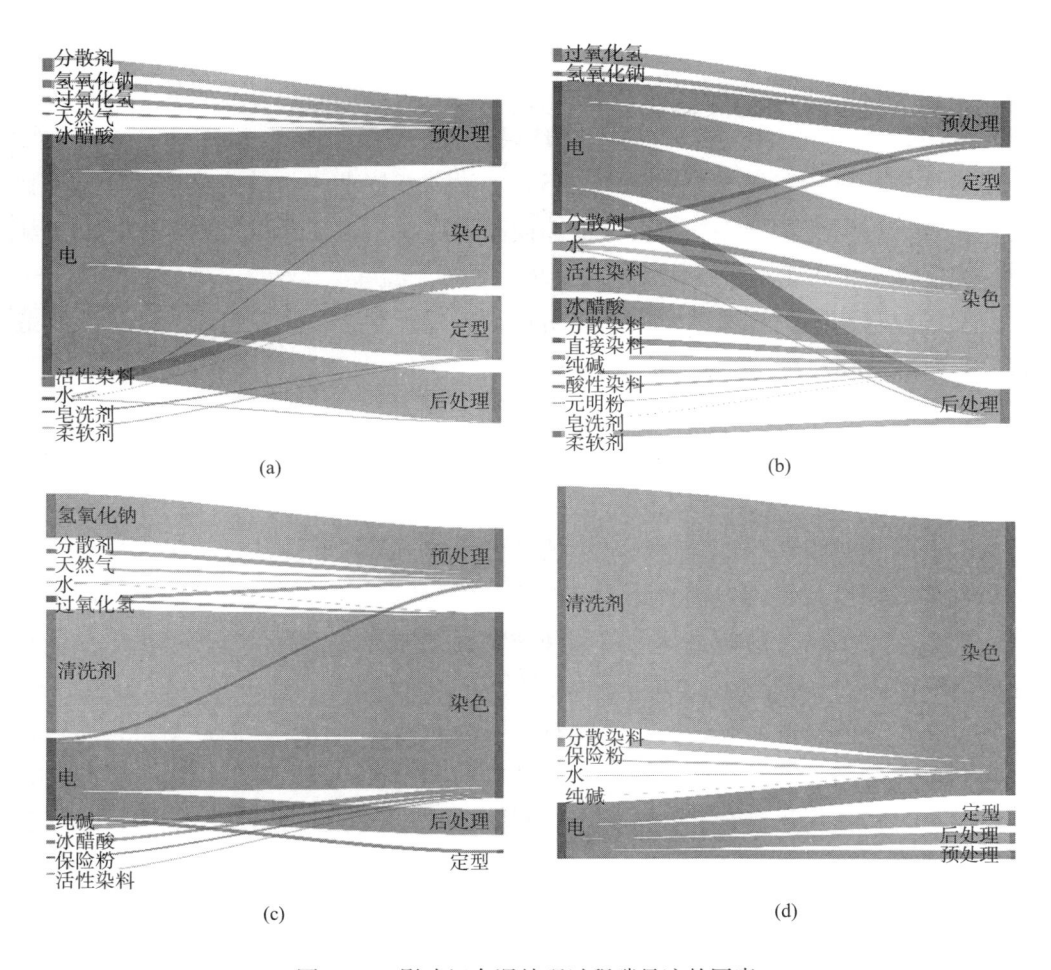

图 4-13　影响坯布湿处理过程碳足迹的因素

4.2　新形势下的纺织工业清洁生产发展

4.2.1　智能化和数字化的作用与潜能

4.2.1.1　智能化的作用与潜能

（1）绿色纤维制造

众所周知，全球化纤生产重心已逐步向中国转移，中国也将承担起引领化纤行业生产发展的艰巨任务。多年来我国已经形成自己的产业链配套体系，我们拥有完善的技术方法、完备的机械设备、高水平科研团队和技术人员，这些都为中国的化纤行业领头行动奠定了坚实的基础。然而，化纤工业发展必然离不开科技的进步，科技创新是高质量发展的第一动力。但纺织行业具有高能耗、对环境污染比较高等特点。因此，要进行"绿色环保"创新，绿色设计、绿色加工、建立绿色清洁生产标准是我们势在必行的。只有加强高新技术产业对纺织化纤行业的智能化提升，提高产业核心竞争力，才能使我国在新一轮的全球化竞争中掌握主动权，智能化、生态化纺织行业也势必会成为世界主流。

①新型绿色印染技术的应用。要实现绿色纤维制造，除原料绿色、加工制造过程绿色外，则需应用新型绿色印染技术。

a. 无水少水印染技术。该技术主要包括冷轧堆、CO_2 流体染色、极性溶剂染色、小浴比气雾染色等方法，它可大幅度减少传统染色工艺的耗水量，实现染色工艺的清洁生产。少水染色是目前发展最快的新技术之一。

b. 节能降耗印染技术。冷轧堆染色是将织物均匀浸轧活性染料染液后于室温下打卷堆置，使染料均匀固着，该方法工艺流程短、能耗低、设备简单、用水量少、染料固着率高，随着全球大范围环境情况更加恶劣、各类资源不足、地下水储量持续下降，因此该方法的利用率逐渐升高。

c. 安全绿色染料助剂开发。随着石油资源的大量消耗，人们逐渐将目光转移到天然染料和新型环保染料上，起初天然染料的染色效果较差，经过一系列工艺和技术改进后，天然染料和新型环保染料都呈现出：高染色效果、高吸尽率、高固色效果等特点，因此使用生态染料助剂与新型印染工艺相结合已成为未来发展的必然趋势，并拥有广阔的发展前景。

②纤维制造智能管理技术。在纺织原料中聚酯纤维占据举足轻重的地位。多年来，我国纺织原料生产量以达到世界产量的近80%，尽管产量如此之大，但难免会存在品种少、品质较差的情况，因此出口利润也较低。在纺织行业进行清洁生产发展的趋势下，新一代聚酯纤维产业的创新也应该以绿色、智能化发展为主线，将纺织技术与信息智能化相结合。

我国新凤鸣集团首先完成了涤纶长丝的智能化升级，实现了信息数据的"精准化传输"、生产监测的"精益化管理"、仓库工厂的"无人化作业"、能耗、物耗智能化管理，能源管控中心通过无线数据传输、传感器、先进控制技术等，对公司各项能源进行实时监测，从而实现可视化管控，合理的规划、利用能源。一些企业通过利用数控、智能化等技术，实现从纺丝、假捻变形到丝饼检验分级、包装、仓储全流程自动化、信息化、提高产品质量和经济效益。除此之外，还有一些企业进行了设备的智能化改进，研发出了智能化核心部件、PLC 控制部件、传感器驱动器，进而提高生产过程中的精密性、可靠性。

（2）印染行业的智能化发展

①印染废水膜处理技术。印染废水是纺织行业的主要污染物排放源，现如今全球水资源短缺，合理利用和排放各个国家都已采取不同的政策、法律条例进行管理。例如，纺织机械制造供应商贝宁格公司现已推出膜过滤系统来进行节能节水。膜过滤系统主要具有三大作用：

a. 将水从各种污染物中分离出来并循环利用，约80%水可回用于生产，污染物浓缩后可实现废液零排放；

b. 回收废水中可以重复利用的材料（如浆料、纯碱等）；

c. 热能回用。

此系统的主要特点为：能耗低、可循环利用、无二次污染。实际生产时，可将处理后的回用水与一般生产用水以一定比例混合使用，以改善正常生产用水的水质，并降低用水成本。

②智能信息化技术。

a. 色纺纱技术的 ERP 系统应用。色纺纱是一种具有与众不同混色效果的纱线，凭借其丰富的色彩、舒适的质感等优良的特性，在纺织行业中迅速发展。近几年"绿水青山"等环保政策的依次提出，对纺织工业带来了不小的冲击，色纺纱企业体制、生产模式等也势必要做出改变。例如，在染色过程中推行智能化技术。多年来我国纺织行业多采用人工染色的方式，避免不了会存在出错、效率低等问题。随着现代印染方式与智能技术深度融合，整合配方、生产、质量、参数等信息，通过 ERP 管理系统创建智能染色系统，ERP 系统包括：生产计划、供应链管理、成本分析等内容，用信息化技术整合各部门数据，经过科学的分析后，对企业决策提供数据支持。不仅能提高色板打样速度和准确率，稳定染色生产线质量控制，做到在线全程监控与记录，而且明显降低劳动强度，利于染色废水余热的回收利用，降低生产成本和污水排放。以此来减少因人为因素导致的染色失败而使棉花资源遭到浪费。

b. 华兴纺织的智能化发展。该公司是我国纺织 500 强企业，一直以来都秉承着将传统劳动密集型纺织工业转化为现代化信息化纺织企业的理念，但目前的华兴企业仍存在着两点问题：自动化程度低以及纺织技术与智能化发展融合度还不够。因此，为实现华兴智能纺企业决定实施三点策略：构建智能工厂、构建智能公司和构建智能产业链。

智能生产线、智能制造、智能工厂、智能物流、智能服务等形成一个完整的智能纺系统,进一步提升智能管理水平,生产效率也随之提高,进而实现最大的经济效益。值得引起注意的是,工厂的智能化转型代表企业竞争力也将提升,而企业竞争力不仅表现在成本低、创新程度高,服务效果好、物流速度快,更多地体现在对环境友好,在低碳时代的大背景之下,作为发展低碳经济载体的企业,更要敢为人先迎接挑战。

c. 染化料自动称量、配制和输送系统。该系统主要由称料、化料、输送三个部分组成。一般情况下,先由要求的生产工艺配制好染化料,再根据生产要素自动输送至各自生产机台,同时各个生产线会进行实时监测、对生产进度进行跟踪、对异常生产进行相应处理进而实现节能减排的目的,使最终产品呈现质量好、稳定性更高的特点,并提高了生产效率。自动化系统能够节约人力成本,并实现能源浪费预警。

d. 数码喷墨印花生产技术。数码印花技术是将精密机械与计算机相结合应运而生的一项智能化技术,主要操作流程为:首先将印花图案以数字编程形式输入计算机,经过计算机印花分色描稿系统的编辑后,通过计算机控制将所选定标准染剂喷射到纺织品上。但该技术也受到多种因素影响,例如:墨水质量、机械的正常运转、前后处理工艺、印花图案的素材等,因此需要多方面努力协同配合消除不利影响,如提高专业人员素质,图案数据智能输入数据的改进,喷头的排列等。

随着经济的不断发展、人们生活水平的不断提高,企业需要加快转型并及时适应消费市场的变化,任何生产设计都是以消费者为最终目标,满足消费者的需要。数码印花技术是传统大批量、小成本向个性化、小批量生产的重要环节,不仅能够把握市场脉搏,将机械与计算机相结合,更是大大提高了生产效率,降低了生产成本,使印花具有智能化、时代化等特点,经过几十年发展,智能化数码印花技术已逐渐成熟,在未来纺织生产工艺中也将得到更多应用。

(3) 园区层面的应用

溢达集团是世界领先的高档纯棉衬衫生产商之一,在中国、越南等国家均有建设工厂,其强大的销售网络为纺织市场发展提供服务,溢达集团多年来都以环境保护为宗旨,其中,越南溢达集团一直秉承可持续发展的理念,不断进行智能化产业升级和现代化创新探索,2018年,越南溢达集团被评为越南企业可持续发展指数百强企业之一。越南溢达集团采用全流程智能化工艺,具体技术如下:

①泡沫整理技术。泡沫整理是指将水溶性染料与表现活性剂共混,通入空气并采用机械发泡的方式形成泡沫,使整理剂作用于织物表面或内部,从而赋予织

物不同功能的方法。泡沫整理的主要优势：降低织物的带液率，减少泳移现象的出现；减少废水排放量；降低整理剂用量；节省能耗，减小对环境的破坏。

②图像识别技术。在信息不断发展的时代，图像信息在纺织行业中的比重也日益增加，通过计算机识别技术、图像检索等功能，将获取的大量物理信息、图像处理转化成所需信息，这为纺织生产提供了便利，也能更好地满足消费者的个性化要求。除此之外，越南溢达企业还应用了与图像识别技术有着异曲同工之妙的视觉识别技术，通过计算机控制，可自动检查辅料和面料瑕疵，从而提高检查效率和精准度。

③射频识别技术。该技术基本原理是利用射频信号和空间耦合（电感或电磁耦合），通过射频信号自动识别目标对象并获取相关数据，识别过程无须人工干预，可工作于各种恶劣环境，操作快捷方便，将射频识别技术与企业科研人员的创新思维结合形成最佳的物联网方案，以减少人为失误并不断地提升供应链效益的最大化，缔造全新的智能化新优势。

4.2.1.2 数字化的作用与潜能

近年来，在巨大的经济压力和日益增高的生产成本的双重压力下，纺织行业陆续开始进行以数据为核心的数字化转型，形成全新的数字经济体系，这也是推动高质量发展的必然选择。纺织行业的数字化转型要求企业正确把握行业前进特点，以智能制造作为主攻方向，协同推进装备数字化、产品开发数字化、生产方式数字化、管理方式数字化、销售服务数字化等方面共同发展，与物联网、云计算、大数据、人工智能、区块链等新一代信息技术融合发展，在行业的各个领域发挥创新引领作用，通过数字化转型实现提高设备生产效率，节省成本获取利润最大化，减少能源过度消耗等目的。

（1）不同路径的数字化转型

根据企业规模大小，各企业可通过不同路径循序渐进的改变传统系统，为数字化转型升级赋能。以下为具有代表性的四条路径：

①产品开发数字化。可以通过平台对大数据整理的信息进行分析，从而对市场趋势情况有清晰地了解，因此可以提高研发效率、节省研发成本。

②生产方式数字化。通过数字化技术、自动化设备进行智能制造形成数字化流水线，实时监测使产品质量稳定，可以减少人力成本提高生产效率，同时控制污染物的产生与排放。

③管理方式数字化。通过大数据、人工智能平台等对企业内部资源和外部产业链数据信息进行整合、分析，从而实现企业管理数字化，方便管理者随时获取

信息并快速做出正确决策。

（2）企业数字化应用

在政策提出后各企业都陆续开始数字化实践探索。例如，鑫兰纺织企业应用立体仓库这一自动仓储系统，可增加原材料、成品仓储容量，充分利用仓库垂直空间，节省人工安排货位的时间。除此之外，鑫兰纺织今年建成由18套软件模块集成的大数据集成管理中心，建设大数据可视化生产指挥平台系统等设施，真正达到节能、省员、高质、提效的智能化应用场景；万舟纺织、赐源纺织应用了视觉验布系统，该系统装配视觉传感器，经过计算机算法识别后，智能化鉴别布料瑕疵，并及时的停机维修，提高了验布的速度同时节省原有人工验布的成本；鑫海企业应用能源管理系统，通过安装智能电表、智能水表等，实现了对电、气、水等资源的自动化控制，减少能源消耗。

4.2.2 新能源技术的影响

纺织行业作为国家的基础工业在国家经济发展中发挥着中流砥柱的作用，不可否认的是，由于纺织印染行业在其生产运行过程中会使用原料、染料、消耗大量能源，因此也是水体大气中污染物的主要来源之一，如今严重的环境危机问题摆在我们面前。21世纪以来，能源短缺是全球各个国家所面临的共同问题，这要求我们立足于绿色经济发展这一大趋势，清洁生产是纺织行业可持续发展的关键，因此大力发展新能源材料成为重要手段之一。合理利用风能、地热能、潮汐能、太阳能、生物质等清洁能源，实现经济效益最大化的同时构建环境友好型产业体系，已成为纺织印染企业的当务之急。

4.2.2.1 化纤织造的新能源技术应用

纺织企业中通常使用热能锅炉来提供水洗、烘干等工序所需的蒸汽，由于对煤炭等传统资源的大量使用，不仅使环境遭到严重破坏，能源也逐渐短缺。生物质燃料作为清洁环保的可再生新能源，不断得到了纺织行业的开发与利用。众多纺织企业已经从原有的燃煤锅炉转化为生物质锅炉。

生物质锅炉所采用的生物质燃料来源广泛、具有低污染性、具有很大的开发潜力，由于生物质燃料参与大气中的碳循环，燃烧过程中能做到CO_2零排放，含硫量低，SO_2排放量远低于煤和重油的燃烧；其热值和理论燃烧温度较低，NO_x生成率低，燃烧效率对比传统燃煤锅炉有所提高，并且生物质锅炉产生的灰渣环保，通过使用生物质燃料能耗变少，厂区和周边环境有所改善。

4.2.2.2 印染行业的新能源技术应用

（1）太阳能光热利用技术

利用太阳能将印染企业用水从基础水温提升至中温热水后供染缸直接进水使用，以及用进入锅炉产生蒸汽，能够实现节能减排的目标。

印染行业水资源消耗量非常大，并且经过生产周期后排出的废水量也非常大，排出时废水中还存在较多的化学杂质和热量，直接排出会造成能源的浪费。采用太阳能直接吸收式余热回收系统，通过污水与新水之间的热交换并利用太阳能为能源进行逐级加热，以此来回收余热，实现余热的梯级利用和节能降耗的目的。

（2）烧毛机改造

电加热接触式烧毛采用工业电源为清洁能源，将电能转化为热能，并通过热辐射原理均匀地传递给载热旋转的高性能合金金属管，使之在高温状态下与布面进行平整的接触式烧毛。企业通过实际应用发现，采用电烧毛机比传统气烧毛机效率更高，节省生产成本，设备运行稳定，生产过程环保、烧毛效果更好。

（3）天然纤维

绿色纤维中被应用最广泛的是天然纤维，科研人员已通过生物遗传技术培育出颜色很深的长纤维彩色棉花，并成功应用于纺织生产。目前，纺织企业已可以在从原料纺织到成衣的全生产过程中应用天然彩色棉纤维，它有着不需染色节省染料、无三废排出，不会对环境造成破坏。

第5章 面向碳中和目标的纺织工业清洁生产

5.1 全球纺织行业低碳化现状与发展趋势

冰川融化、海平面上升，温室效应带来的气候变化正严重影响着人类生存。世界各国对全球气候变暖都逐渐重视，纷纷推进了碳达峰、碳中和等一系列碳排放规划的落地。联合国政府间气候变化专门委员会（intergovernmental panel on climate change，IPCC）最新报告《2022年气候变化：减缓气候变化》中提出，除非全球温室气体排放在三年内达到峰值，并在2030年前减少近一半的温室气体排放，否则世界将可能经历更多的极端气候影响。2010～2019年全球温室气体平均年排放量持续上升，处于人类历史最高水平，2021年联合国气候大会上重申了2015年《巴黎气候协定》中提出的将全球气候变暖升温范围控制在1.5℃（2.7°F）以内，为了实现这一目标，全球温室气体排放量必须在2025年达到顶峰，并在2030年之前削减43%。

减少温室气体的排放并不只局限于减少CO_2的产生，而是减少所有温室气体的排放（《京都议定书》中规定了六种温室气体：CO_2、CH_4、N_2O、HFCs、PFCs、SF_6），才能够做到全面限制全球气候变暖。根据IPCC 2022年报告，要限制全球气候变暖就需要对能源部分进行重大转型，需要大幅度减少化石燃料的使用，提高能源效率并且使用替代燃料，如风能和太阳能等可再生能源，并且广泛普及电气化。纺织行业从原材料（棉、麻、毛、丝、合成纤维等）的生产、纺纱织造、织物印染到纺织品的缝制，整个产业链复杂且物耗与能耗高。同时，纺织行业也是全球最大的淡水耗水量"用户"之一，每年消耗淡水可达到790亿立方米。

根据国际能源署统计，2020年全球能源消费中，石油和煤炭等不可再生能源仍然占据能源消费的前列，由能源消耗产生的温室气体排放量占据73.2%（图5-1）。1990～2019年，工业领域能源消耗总量始终占据首位（图5-2），电力和热力生产的碳排放量占据首位（图5-3），煤炭燃烧产生的温室气体排放量逐渐远超其他种类的能源使用（图5-4）。由于各国的能源分配比例并不相同，在中国和印度等发展中国家，纺织加工生产更多的是依靠煤炭和天然气等能源，大大

第 5 章　面向碳中和目标的纺织工业清洁生产

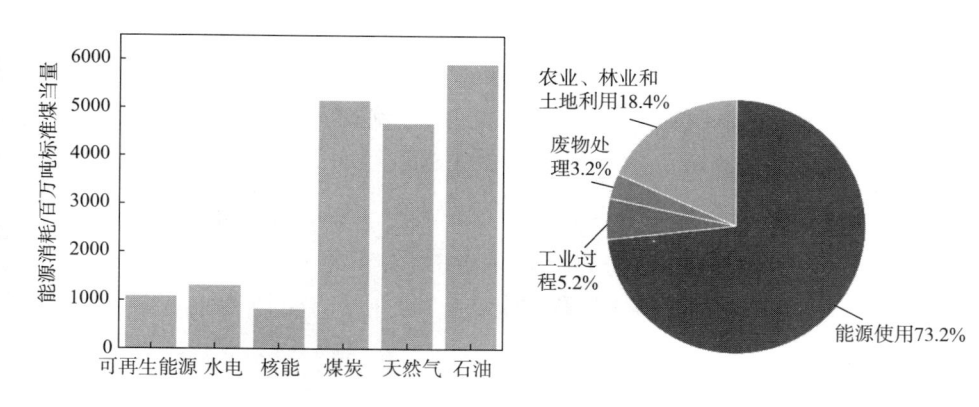

图 5-1　2020 年全球能源消耗情况和温室气体排放来源

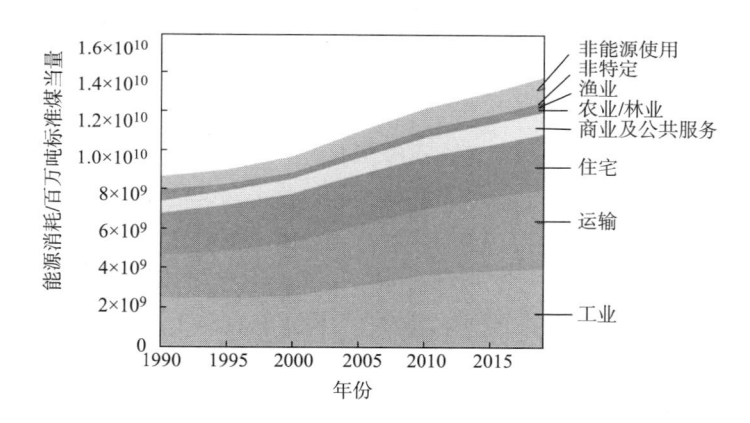

图 5-2　1990～2019 年全国各行业总能耗

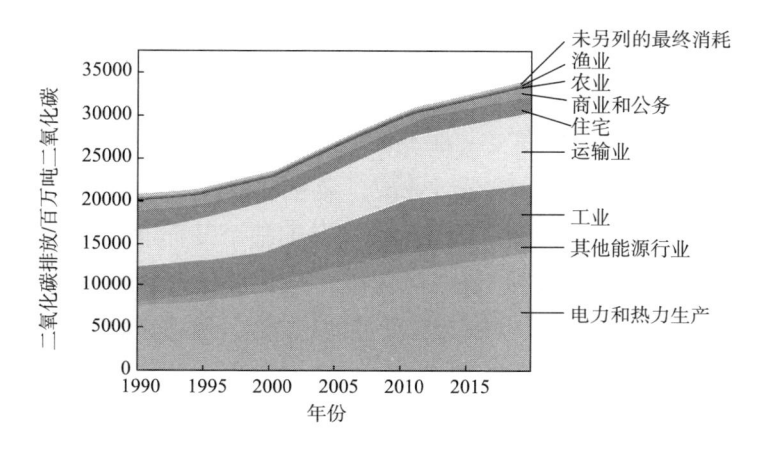

图 5-3　1990～2019 年各行业二氧化碳排放量

125

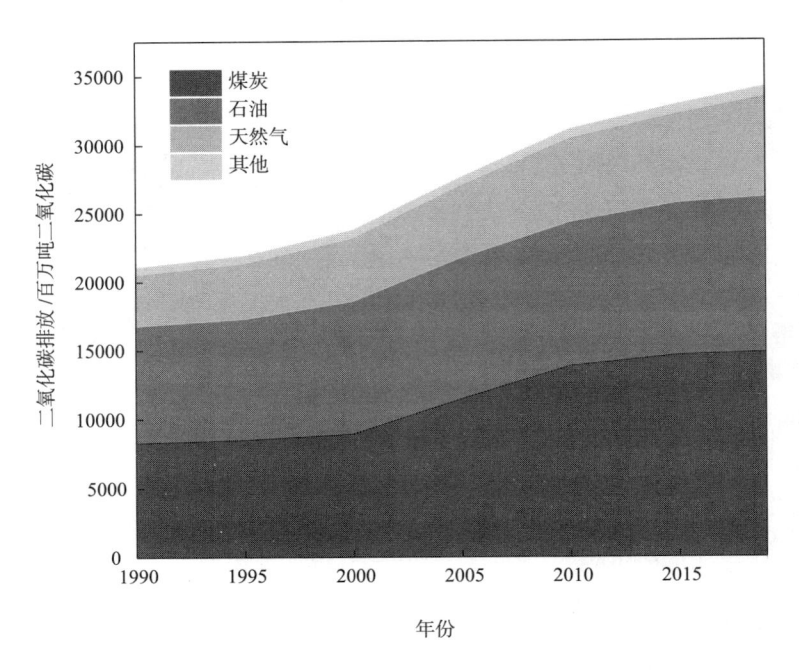

图 5-4　1990～2019 年按能源消耗分布的二氧化碳排放量

增加了纺织生产加工产生的碳排放量。表5-1为2010～2019年中国能源消耗总量情况，中国纺织行业始终列于高能耗行业的前十位（表5-2），图5-5显示了纺织行业每项能源消费占总能源消费的比例，图5-6为2010～2020年中国碳排放量占全球碳排放量的比例。根据《温室气体减排的成本、路径与政策研究》一书，应用单位标煤的碳排放系数（2.27吨碳/吨标准煤）以及中国国家统计局能源消费数据计算中国自2010～2019年的纺织行业碳排放量（图5-7），全球每年排放的温室气体近四分之三（73%）来自能源的使用，纺织行业每年向大气排放二氧化碳在1.22亿～29.3亿吨，纺织品的生命周期（包括洗涤）排放的温室气体约占全球总量的6.7%。纺织工艺的多样性和复杂性不仅产生了大量复杂多样的废水，同时也消耗了大量的电力和燃料等，使纺织行业成了温室气体的生产和排放"大户"。例如，剑桥大学研究所对纯棉T恤从纱线到消费品的整个过程进行了碳排放研究，发现重量大约在250g的T恤会排放7kg二氧化碳，是其自身重量的28倍，而涤纶含量为10%的裤子，其碳排放量可以是自身重量的117倍，达到47kg。据估计，每生产1kg的纺织品，将排放23kg温室气体。

在全球气候变化的大背景下，减少人类活动产生的碳排放以避免全球变暖带来的灾害性事件已成为全人类的共识。实现碳中和是一场深刻的经济社会变革，特别

表 5-1 2010~2019 年中国能源消耗总量

项目	2019 年	2018 年	2017 年	2016 年	2015 年	2014 年	2013 年	2012 年	2011 年	2010 年
总能耗/万吨碳当量	487488	471925.15	455826.92	441491.81	434112.78	428333.99	416913	402138	387043	360648
总煤耗/万吨	401915	397452	391403	388820	399834	413633	424426	411727	388961	349008
总焦炭消耗/万吨	46426	43717	43743	45462	44059	46885	45852	44805	42063	38703
总原油消耗/万吨	67268.27	63004.33	59402.17	57125.93	54788.28	51596.95	48652.15	46678.92	43965.84	42874.55
总汽油消耗/万吨	13627.97	13055.3	12296.27	11866.04	11368.46	9776.37	9366.35	8165.9	7595.95	6956.2
总煤油消耗/万吨	3950.23	3653.51	3326.36	2970.71	2663.71	2335.42	2164.07	1956.6	1816.72	1765.17
总柴油消耗/万吨	14917.95	16409.56	16916.54	16839.04	17360.31	17165.29	17150.65	16966.04	15635.1	14699
总燃油消耗/万吨	4690.34	4536.07	4887.3	4631.04	4662.01	4355.47	3953.97	3683.28	3662.8	3758.02
总天然气消耗/十亿立方米	3059.68	2817.09	2393.69	2078.06	1931.75	1870.63	1705.37	1497	1341.07	1080.24
总电耗/十亿千瓦时	74866.12	71508.2	65913.97	61205.09	58019.98	57829.69	54203.41	49762.64	47000.88	41934.49

表 5-2 2010~2019 年中国高耗能行业能耗总量　　单位：百万吨标煤

项目	2019 年	2018 年	2017 年	2016 年	2015 年	2014 年	2013 年	2012 年	2011 年	2010 年
黑色金属冶炼和压延加工	65387	62279	62843	62879	64404	69296	68839	67376	64726	66873
化学原料和化学制品制造业	53272	51278	49356	49722	49533	47415	44081	42551	40743	36741
非金属矿物制品业	33344	32798	33343	34772	35587	37197	36561	37799	38272	32512

续表

项目	2019年	2018年	2017年	2016年	2015年	2014年	2013年	2012年	2011年	2010年
电力和热力的生产和供应	31759	30832	29258	28080	26191	26241	26295	23837	23861	21487
石油、煤炭和其他燃料加工	32572	28689	26458	24165	24184	20139	19255	18831	18183	17874
有色金属冶炼压延加工	24436	24628	23316	21028	20773	21326	16617	15621	14831	13628
煤炭开采和洗选	10133	9983	9646	9436	10399	11376	14180	15083	14497	12436
纺织业	7398	7372	7518	7303	7159	6962	7366	7290	7379	6988
造纸和纸制品	3847	4102	4314	4115	4059	4042	4153	4275	4596	4475
石油和天然气开采	3755	3818	3956	3916	4269	4263	4088	3897	3923	3987
能源密集型行业总计	265903	255779	250008	245416	246558	248257	241435	236560	231011	217001

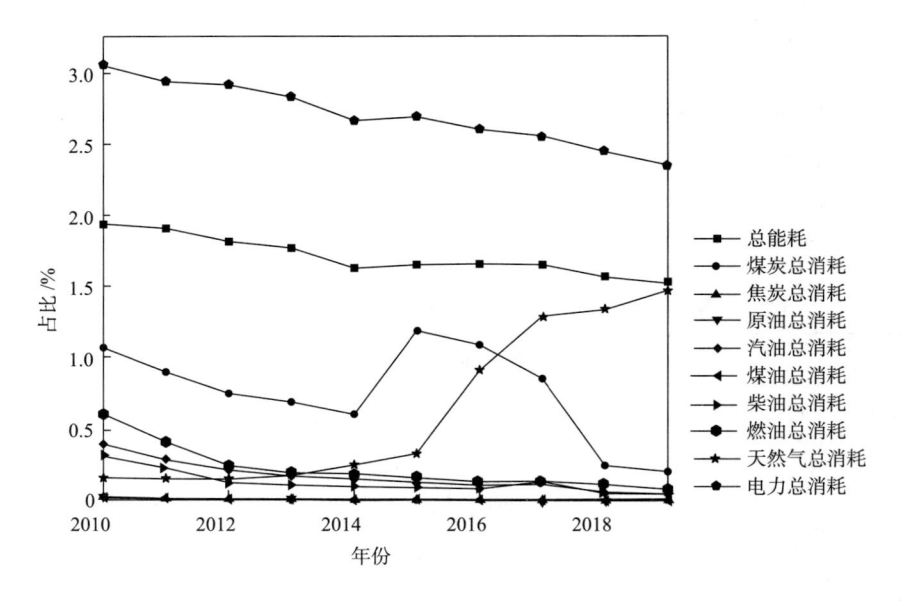

图 5-5 2010～2019 年中国纺织品能耗占比

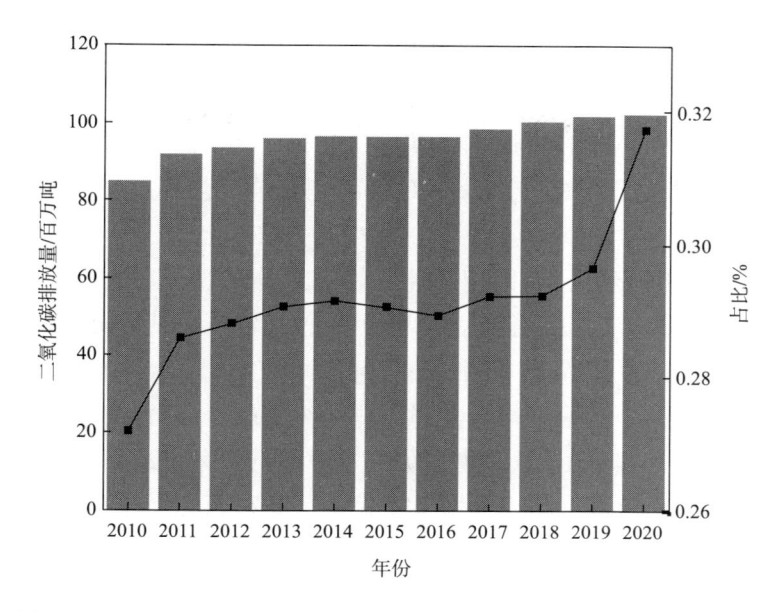

图 5-6 2010～2020 年中国二氧化碳排放情况及在全球碳排放中的占比

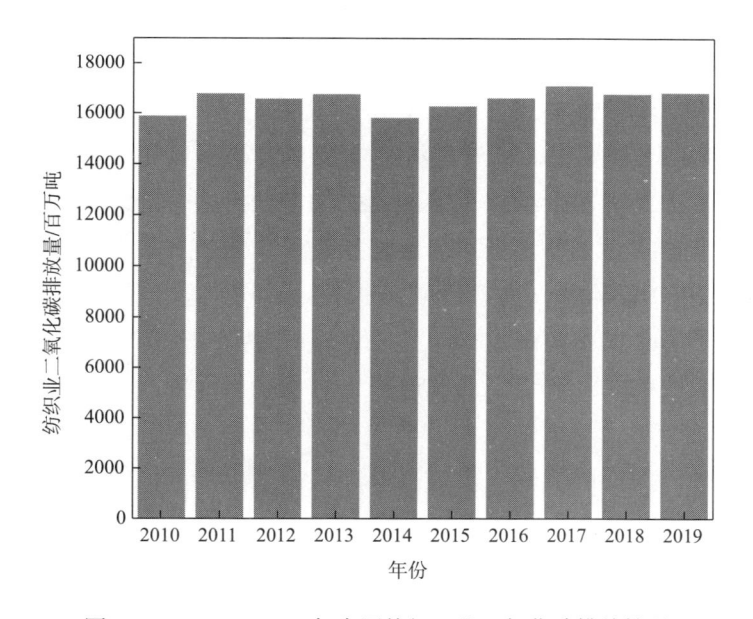

图 5-7 2010～2019 年中国纺织工业二氧化碳排放情况

是对工业部门而言，亟须探索建立新的低碳发展模式。各工业行业都在向着这一目标前进，考虑并着手制定各自行业实现绿色低碳发展的路线图。纺织行业的产品可分为服装、工业纺织品和家用纺织品三大类。服装是纺织品使用的最大领域，占全球纤维需求的60%左右，家用纺织品和工业纺织品的份额大致相当（各占全球纤维需求的20%左右）。近20年来，全球服装消费量增加了400%，带动了纺织产业的蓬勃发展，但传统纺织产业作为高耗能、高排放产业，在快速发展的过程中极大地增加了原材料的消耗量、能源的使用量以及产品消费后的废弃量。

根据艾伦·麦克阿瑟基金会数据，2000～2015年全球纺织衣物的销售量从500亿件增长到1000亿件，而同期每件衣物的穿着次数下降25%。2010～2030年，全球对天然和人造纺织纤维的需求预计将增加84%。根据联合国环境规划署数据显示，生产一条牛仔裤需7500L水，相当于一个人7年的饮水量，生产过程的碳排放量可达33.4kg。据统计，生产每吨纺织品就会排放17t温室气体，远高于塑料3.5t和纸张不足1t的碳排放。纺织及服装行业的总碳排放量已超过所有国际航班和海运的排放量总和，占据全球碳排放量的10%，是仅次于石油产业的第二大碳排放产业。从纺织品生产的全生命周期来看，纺织服装行业每年的碳足迹为33亿吨。预测到2050年，整个时装产业可能将要消耗全球超过30%的碳预算。然而，结构性影响（如产品组合或生产区域的变化）也会改变能源使用，且"数据质量问题"很难根据现状对纺织服装行业的能源强度趋势得出明确的结论。

若发展中国家89%的消费者达到目前发达国家服装消费水平，那么2015～2025年人均二氧化碳排放量将增加75%，耗水量将增加20%，土地使用将增加近10%。作为仅次于石化工业的第二大污染产业，纺织行业的绿色生产迫在眉睫。2017年，中国纺织工业联合会已推动纺织服装行业制定绿色低碳转型路线，并且推动2050零碳产业这一目标，是中国较早推进产业级零碳目标的行业。但是纺织行业是一个工序复杂多样、关联度高的产业链，节能降耗需要落实到各个环节中，然而目前并没有专门的政府机构对纺织行业能耗进行主管与统一，各个企业所实行的节能降耗措施，大多是"自发"行为。关注纺织行业生命周期碳排放，实现全生命周期的减碳，推进行业的碳排放标准，能够有利于纺织行业的发展，实现碳中和目标。

5.2 "一带一路"沿线国家和地区纺织工业全生命周期碳排放

造成纺织行业碳排放量长期居高不下的原因主要包括：
①生产流程长，各环节对煤炭、电力等能源资源的依赖性高；

②快消观加速了全球服装的购买量，并造成大量生产、消费和废弃的问题；

③未达到回收循环再利用预期，当前纺织品的回收循环利用尚未形成完整的闭环体系，导致全球每年要产生约9200万吨的纺织废弃物，预计到2030年这一数字将会达到1.34亿吨。

中国纺织业规模已达全球的50%，是名副其实的纺织品生产大国。在"碳达峰、碳中和"目标导向下，纺织行业的绿色创新将成为学术界和产业界关注的重点。目前，作为高能耗、高碳排放行业，纺织印染碳减排研究与企业层面相关措施多集中于生产阶段，忽略了上游供应和废物处理等阶段的影响，容易造成局部优化的问题，不利于全球碳中和目标的达成。不少"一带一路"沿线国家和地区的纺织服装品生产量和消费量位居全球前列，但广泛存在资源效率低下、排放高等问题，因此"一带一路"沿线国家和地区纺织印染行业碳排放研究对于全球纺织印染行业碳中和目标的实现至关重要。

因此，本章节内容将通过生命周期分析、碳排放核算等方法，针对"一带一路"沿线12个重要的纺织品生产与消费国建立纺织品加工业全生命周期、多工艺流程、长时间序列（2010～2018年）的碳排放数据库。数据库建立过程主要包括碳排放清单构建和碳排放核算。该数据库涵盖了12个国家，全生命周期纤维生产、纱线生产、布料生产、湿处理、成品加工、消费阶段和废物处理阶段共7个阶段。多工艺流程体现在：原料区分为天然纤维和合成纤维；布料生产工艺包括机织工艺、针织工艺；纺织品湿处理过程包括印花工艺（如拔染印花、减量印花、平网印花、圆网印花等）和染色工艺（如溢流染色、气流染色等）；成品加工包括纺织服装加工、家用纺织品加工、产业/工业用纺织品加工；消费后去向包括形成存量、回收利用、焚烧、非能源回收、能源回收和填埋，其中的填埋处理去向又区分为形成填埋存量、有氧发酵氧化成二氧化碳逸出、无氧发酵形成甲烷逸出、无氧发酵形成的甲烷在填埋浅表被氧化成二氧化碳并逸出、无氧发酵形成甲烷但被燃烧供能等。

5.2.1 技术路线

如图5-8所示，首先利用生命周期思想确定系统边界、构建纺织产业生命周期各阶段能源消耗，梳理能耗清单及其他碳排放清单，针对每个阶段每项碳排放或负碳排放进行核算，最后在此基础上对不同生产结构、技术和管理水平情景下的碳排放进行计算和分析，从而针对各国自身情况提出实现纺织行业生命周期碳中和的政策建议。

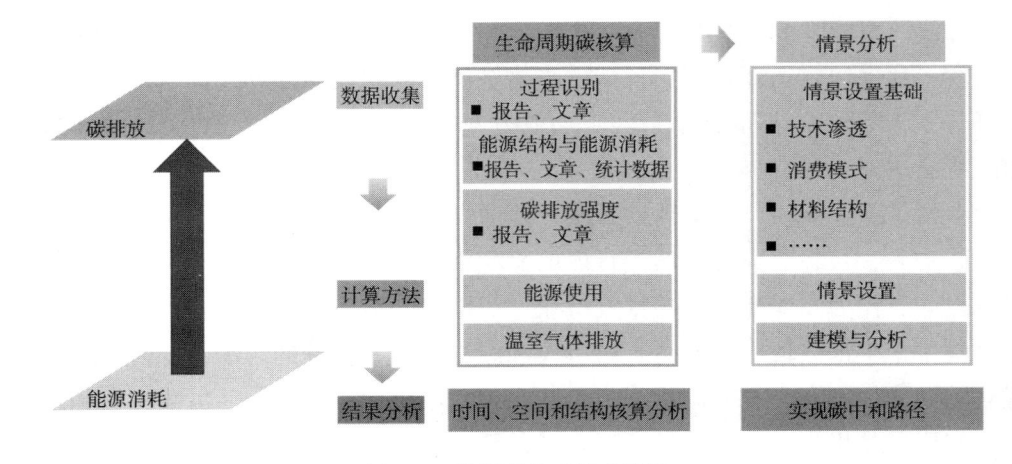

图 5-8　数据库构建技术路线

5.2.2　系统边界定义

时间边界为 2010～2018 年，为目前可获取数据的最全年份，空间边界则为 12 个"一带一路"沿线国家。能源消耗包括纤维生产、纱线生产、布料生产、湿处理、成品加工、消费阶段和废物处理阶段 7 个阶段，每个阶段又被细化为多个流量。

首先，天然纤维原料被采伐或收集起来，而合成纤维则经过石油开采后经过处理之后进入纺纱环节。原料的采伐、运输、加工过程主要使用柴油、汽油和电力。纺纱阶段按照工艺区分为环锭纺、气流纺、喷气纺、静电纺等路径。各种纺织品也各自对应一条净进口流量，之后一起投入本地使用。在纺织品制造加工过程中，直接使用的能源包括电力和热力。实际上，纺织品加工厂除了购买电力与热力外，还会购买煤炭、石油、天然气、生物质等初级能源，用于厂内产热或（和）产电。使用后的纺织成品/半成品经过各种处理，其中的碳成为碳排放和稳定的碳存储。纺织品在使用后的主要去向包括焚烧、非能源回收、填埋等形式形成在用存量、非能源回收、回收再利用等。该过程回收的废弃纺织品/废纤维和纺织品加工过程中的新废料以及进口的纤维一起被重新用于纺织品加工。

5.2.3　碳排放核算

与钢铁、水泥等碳排放大户相比，纺织产业由于部分原料是生物质，在碳排放方面具有特殊性。考虑到纺织行业生命周期碳排放的复杂性，本部分定义了碳排放核算的边界（图 5-9）。首先，天然纤维（主要为棉花）生长阶段能够吸收空气中的二氧化碳固定为生物质，如果人工种植且采伐过程符合可持续管理规定，则可认为棉纺织的原料供应阶段不仅不排放额外的碳，还会固定一部分碳，从而达到负碳排放效果。石油开采、原料收集、纺织加工和化学品生产过程都会产生能源相关的 CO_2 排放。废水处理过程中会由于厌氧发酵产生甲烷，其温室气体效应是 CO_2 的 25 倍。使用后，废弃纺织品的焚烧（包括有能源回收和无能源回收）过程会将生物质中的 CO_2 释放出来。填埋纺织品的生物质部分，一部分被埋在地下形成了存量，另一部分随着时间的推移被厌氧发酵生成甲烷或者有氧发酵生成 CO_2，部分甲烷也会被氧化成 CO_2 再逸出。填埋过程中产生的甲烷有一部分被收集起来进行燃烧发电，将会替代系统边界外部一部分化石能源的使用。

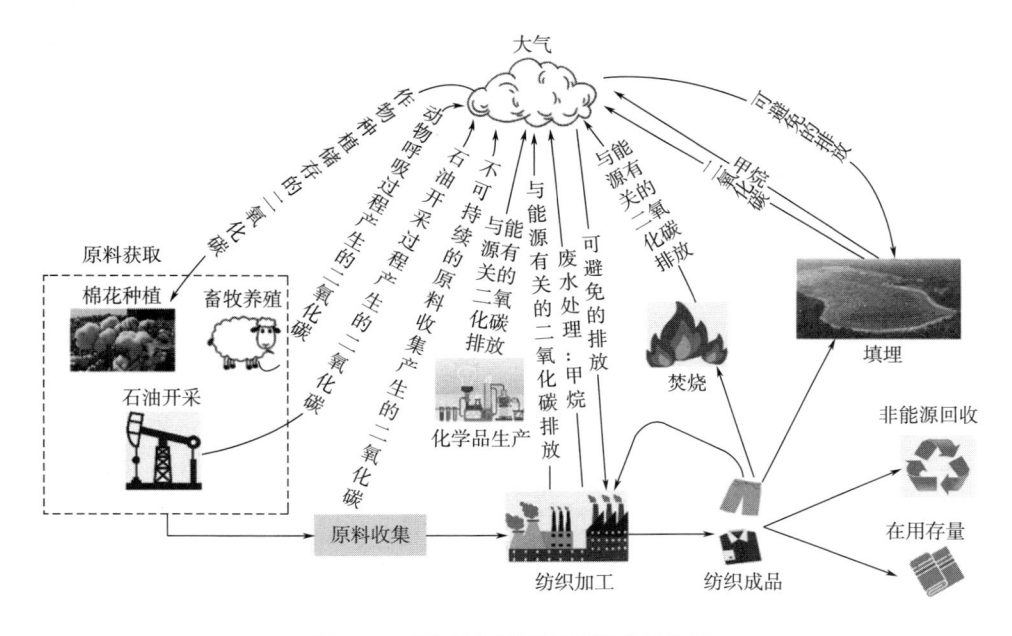

图 5-9 碳排放与碳储存核算系统边界

纺织产业原料的多样性，以及纺织产业链的复杂性，造成了不同国家统计的纺织产业碳排放的范围不同（图 5-10）。我国目前有关纺织产业的碳排放研究涉及了纺织工业、服装和其他产品，其核算范围涵盖了除原料加工部分的纺织产业链。2010~2018 年横跨我国纺织产业"十二五"规划发展整个阶段以及"十三五"规划的开端。纺织工业"十二五"规划明确提出值此阶段，我国纺织工业的新目标为节能减排和资源循环利用再上新台阶，其中包括单位工业增加值能源消耗比 2010 年降低 20%，二氧化碳排放强度比 2010 年降低 20%，单位工业增加值用水量比 2010 年降低 30% 左右，主要污染物排放比 2010 年下降 10%。因此，在这一时期内，我国纺织工业二氧化碳排放量呈现逐年下降的趋势。对于哈萨克斯坦，其纺织产业核算范围包括纺织和皮革,在所选取的"一带一路"沿线国家和地区中,哈萨克斯坦的纺织产业的碳排放量为最低的。在 2013 年,该国的纺织产业碳排放急剧下降,并在后续几年中持续上升。对于其他剩下的几个国家,其纺织产

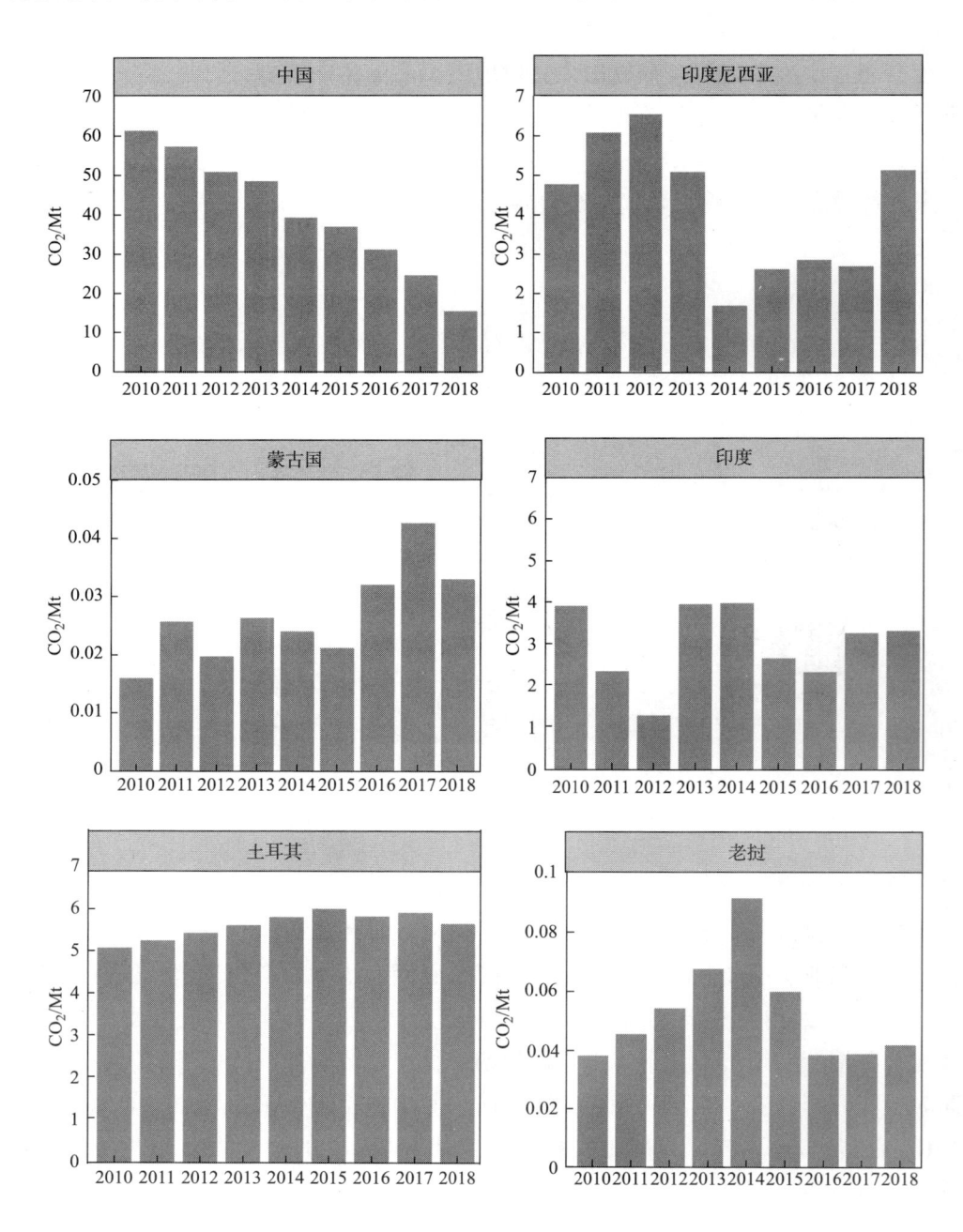

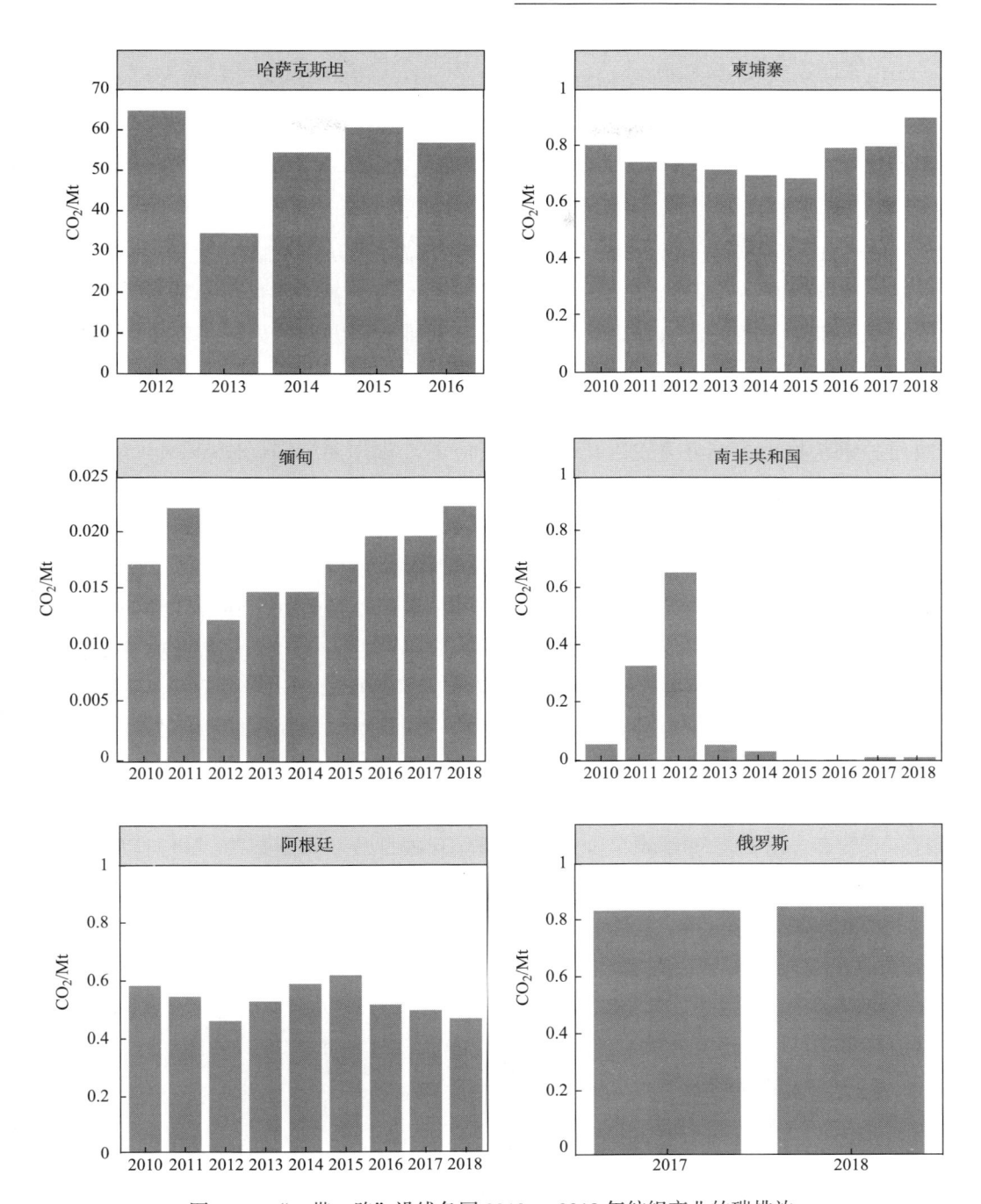

图 5-10 "一带一路"沿线各国 2010～2018 年纺织产业的碳排放

业核算范围包括纺织、服装和皮革。除缅甸的纺织产业碳排放有明显的逐年增长的趋势外，其余各国的碳排放量呈现波动的形势。

5.3 清洁生产技术与碳中和路线以及纺织工业节能减排典型案例分析

图5-11是一个概括的纺织产品加工流程，描述了从原材料（棉、麻、毛、丝、人造纤维）转化为成品所涉及的各种纺织工艺，由于各种原材料的特殊性，一些针对性的加工工艺并没有体现在图中，棉与纤维素织物的前处理工艺中包含烧毛（通过炽热的金属表面或气体火焰去除织物表面上的绒毛）、退浆（用酸、碱、酶等处理织物以去除织造时经纱上所加浆料）、煮练（利用烧碱和其他煮练助剂与果胶质、蜡状物质、棉籽壳发生化学降解反应或乳化作用、膨化作用等，经水洗后使杂质从织物上退除，有利于后续漂白和印染等加工）、漂白（去除天然色素，提高织物的白度）、丝光（棉织品进行加工后表面上呈现出丝一样的光彩）。麻织物的原材料在进行纺织加工前还需要经脱胶工艺将原料麻上的胶体去除。毛织物的染色可以分为匹染和条染，前者是将坯布整体染色，后者则是在散纤维纺纱后进行染色（条染已在毛纺织品加工过程中成熟应用，目前也有企业将此染色工艺应用于棉纺织来生产色纺纱）。丝织物在加工前也需要缫丝工艺将蚕茧抽出蚕丝。化纤织物的前处理工艺中有独特的碱减量工艺，用烧碱对涤纶织物进行处理，使其获得丝质的触感和柔软的光泽。图5-11将纺织生产工艺简要划分为了三个环节，前两个环节纺织与湿处理（印染工艺）是整个过程能源消耗和碳排放量占比最多的环节，表5-3列举了纺织工业中能源消耗和碳排放的主要环节，包括原材料加工、纺纱、织造，湿处理（前处理、染色、印花、整理），成衣制造。

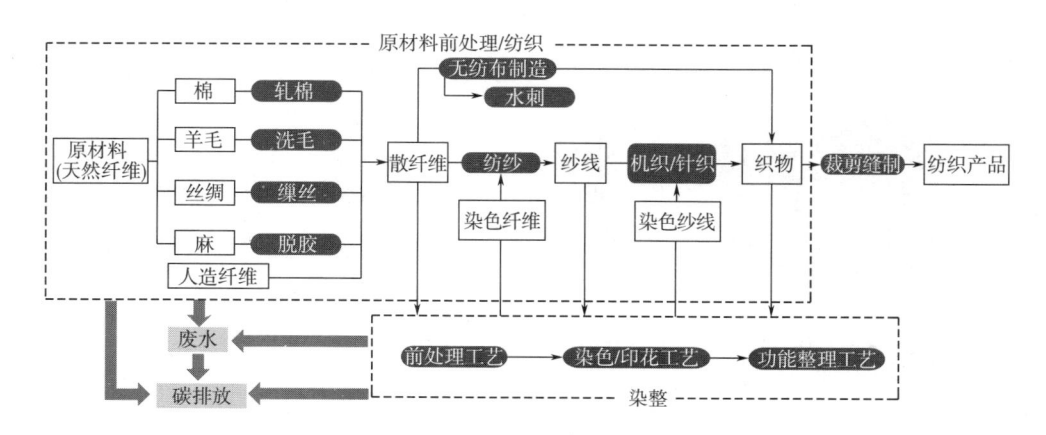

图5-11 纺织产品加工流程

表 5-3 纺织产业链中能源消耗和碳排放的主要环节

纺织加工环节		工艺、设备和设施	能源种类
织造	主要生产系统	纺纱、整经、卷绕、上浆、织造	电力、蒸汽、煤炭、太阳能、余热回收等
	辅助生产系统	空压机、中央空调、变电站、水泵站、风机、环保设备、仓库等	电力、太阳能、汽油、柴油、余热回收等
	辅助生产系统	实验室、办公室、食堂、宿舍等	电力、柴油、液化气、天然气、太阳能、余热回收等
印染	主要生产系统	前处理、染色、印花、气蒸、整理等	电力、蒸汽、煤炭、天然气、太阳能、石油、余热回收等
	辅助生产系统	空压机、中央空调、变电站、水泵站、风机、环保设备、仓库等	电力、太阳能、汽油、柴油等
	辅助生产系统	实验室、办公室、食堂、宿舍等	电力、柴油、液化气、天然气、太阳能、余热回收等
成衣制造	主要生产系统	剪裁、缝纫、洗涤、烘干（包含焙烤）、熨烫、包装等	电力、蒸汽、石油、天然气、液化气、余热回收等
	辅助生产系统	空压机、中央空调、变电站、环保设备、仓库等	电力、太阳能、柴油等
	辅助生产系统	实验室、办公室、食堂、宿舍等	电力、石油、液化气、天然气、太阳能、余热回收等

根据以上纺织工艺的加工流程，可以进一步将加工过程中的碳排放分为两类，物料消耗排放（燃料燃烧、电力消耗、热介质消耗和碳酸盐类消耗）和非物料消耗排放（废水处理排放），同时燃料燃烧、碳酸盐类消耗和废水处理也可以被认为是直接排放，相应的，电力消耗和热介质消耗也可以被认为是间接排放。根据纺织行业碳排放的来源将其分为两大类进行分析，一类为生产过程能耗，另一类为污水处理消耗。相应地，也可以分为两大类来分析纺织行业的节能减排技术。

5.3.1 纺织品生产环节的节能减排

据研究发现，原材料加工、纺纱、织造环节一般以电力消耗为主，碳排放量占据总量的 25.91%，湿法加工环节（前处理、染色、印花、整理）以热介质消耗（此处包含燃料燃烧与热介质消耗）为主，碳排放量占据总量的 63.42%，废水处理碳排放量占据总量的 10.67%。不同国家的制造业结构也会影响纺织工业的能源分布情况。美国制造业的能源消耗只占总量的 2% 不到，而中国制造业能源消耗占总量的 4%。同时，印度等国的劳动力成本相对较低，在以电力消耗为主的纺纱织造环节，能源消耗总量可能远小于美国等发达国家。目前随着各个国家对于节能减排的宣传，国内外的纺织企业也在不断提高技术水平，在清洁生产和节能减排方面取得了显著成效。纺织加工过程中的节能减排可以从四个方面来考虑：电力消耗（原材料加工、纺纱、织造）、燃料消耗、热介质消耗和碳酸盐类助剂的消耗（湿法加工环节）。

5.3.1.1 电力消耗

电力消耗是纺织环节中使用的主要能源，特别是在棉纺织品生产中，湿法加工中的机器运转消耗15%~20%，而纺纱和织造过程可消耗75%~80%。纺织企业的用电基本可分为生产用电、辅助用电、照明用电和生活用电等（其中照明用电和生活用电也可概括为辅助用电，表5-3）。生产用电主要为纺纱主机设备用电、专用零部件及辅机用电、检测设备用电等。辅助用电包括空调用电、除尘设备用电、空压机用电等。照明用电即车间采光和办公用电，生活用电是指员工食堂和宿舍用电等。河南某纺纱企业年电费约为1.2亿元，经过测算其用电比例为：纺纱设备占9.2%，前纺设备占62%，络筒设备占6.5%，空调设备占15.4%，除尘、包装、空压机设备占4.8%，检测、辅助机械、照明设备占2%。对于所有类型的纤维来说，纺越细的纱消耗电能越多。纱线越细，纬纱穿过的次数越多，相应的织机移动的次数也越多。织造工艺分为整经、上浆、并条和织造。在整经过程中，设备的运行功率、整经率、经轴数和坯布长度都会对用电量产生影响。整经率越高，设备运行时间越短，电耗越低，但整经率越高，也可能造成更多的断纱。在上浆过程中，电力消耗集中在络筒过程中，受卷绕速度和卷绕张力的影响。上浆过程中的上浆速度和干燥对温度有一定的要求。施胶液的温度会影响其黏度，从而影响施胶速度。因此浆料需要持续加热，通过电力加热和蒸汽加热，烘干过程会消耗大量电力产生热量使得纱线中多余的水分蒸发。整经过程也会产生大量的电力消耗，设备的生产率和织物经纱的数量会影响电力消耗量。在同等条件下，织物中的经纱支数越少，耗电量就越小。织造工艺可分为有梭织造和无梭织造，其中剑杆织机消耗电能较大。设备的运行功率和生产率会影响消耗。在设备运行功率和织机转速相同的情况下，织物纬密越小，消耗电能越少。无梭织造，还有喷气织机和喷水织机，在消耗电能的同时还会消耗大量的水资源。由于纺织机械设备在生产过程中不能断电，一般大型的纺织企业都会配备发电机来保证电力的持续供应，因此一些辅助设备（如汽轮机等）也会造成大量的电力消耗。辅助用电中的空调用电、照明用电等都受到纺织企业地理位置、厂房布局、主营业务项目等客观条件的影响，例如，北方的纺织厂冬天需要使用锅炉或电能产热，南方

（广东、福建等）的企业需要空调进行制冷从而保持车间温度稳定。

针对纺织业中产生的电力消耗，节能减排一方面是纺织工艺和原材料的改进，另一方面是机器的更新换代。

在织物的织造过程中，首先穿经是织造的准备工序，传统的穿综、穿筘都是由人工完成，速度慢并且生产效率低下，无法满足日益增长的生产需求。自动穿经机作为新型的自动化程度较高的穿经设备，已经应用于企业中，其生产速度与穿经质量与传统的手工穿经形成了鲜明的对比。接下来浆纱工序扮演着核心的角色，同时也是这一过程中排放污水最多、消耗能源较大的一个工序，这一工序的更新是织造环节实现节能减排的关键环节。据估算，每台浆纱机每年消耗标准煤约 11000t，水资源可达到 7500t，二氧化碳排放量约为 32500t，废水排放约为 180t。创新的浆纱工艺能够实现浆纱环节的节能，半糊化上浆工艺、低温调浆、室温上浆等都是目前的新型浆纱工艺。半糊化上浆工艺是以无 PVA 上浆为基础，用淀粉等天然高聚物，采用低温（65℃）调浆和室温上浆。半糊化上浆所使用的浆料配方组分少，调浆和浆槽黏度控制方便，并且能够较为容易地实现浆液浸透和被覆比例的控制，有效提高浆纱耐磨性能，采用较小压浆力将会减少动力消耗，延长机器部件的使用寿命和保养周期。半糊化上浆工艺不仅减少动力消耗，同时改变了传统淀粉上浆工艺（95℃）的弊端，能够降低调浆和上浆温度，减少蒸汽的消耗。半糊化上浆工艺采用的浆料是淀粉等天然高聚物，取代了合成高聚物，能够减少退浆和废水处理过程中产生的碳排放。以 GA308 型浆纱机为例，在每月连续生产 200 万米浆纱的前提下，调教、浆槽室温上浆、湿浆压纱能够分别每年节约标准煤 103t、373t、154t。采用新型的环保浆料也能够有效的节能减排，例如 ASP 浆料对天然纤维和合成纤维均有较好的附着力，浆膜强度高、柔韧性好，能够有效减少织造过程中的断裂现象，降低断纱率从而减少各种织造缺陷，进一步提高织机的机器运行效率。CD-DF868 浆料、YX-A 浆料、CUF-4 化学合成浆料、ZY-Ⅱ 浆料均为新型环保浆料，能够有效提高机器的织造效率。

纺纱和织造环节基本都需要依靠机器进行生产，提高机器的运转效率不仅提升了纺织品的产率，也达到了节能减排的目的。1990 年以后生产纺纱装置一般通过加快旋转运动而提高生产率，因此能够降低能源强度。主要改进点包括利用轻材料（铝或工程塑料）替代重金属材料（铁或黄铜）来降低电机负载，通过快速启动和停止来减少浪费的动能和提高产量。也能够通过用变频器控制代替皮带轮和 V 带旋转控制，减少了减速机中电能的浪费，大大有助于节电。在 2000 年以前的电机控制设备几乎都是采用物理或直流控制，而2000年以后生产的装置均采用逆变器控制，可以大大降低用电量。绍兴的纺织企业已实施了变频节能装置，每年能够节省1亿多千瓦时的电力，节电率达到20%左右。通过优化生产加工过程中的条件能够有效提高产率并且减少能耗，案例如下：

①采用LED照明代替传统荧光灯具，可以实现寿命延长和环保安全的目标，节电率达到70%以上。

②采用节能型变压器，例如S11节能型变压器，负载损耗平均下降15%，节电率达到20%以上。

③环锭纺中使用较轻的主轴代替环架中的传统主轴，每台机器一年能够节省电量23MW·h；优化环锭直径与环锭架纱线支数，可以节省10%的能源使用；在环锭纺机架上安装节能型电机，每台机架每年能够节约几千瓦时到十几千瓦时不等的电力。

④空压机是织造环节的大型耗能设备，由于生产过程中所需要的压缩空气压力不同，在织造前采用分压供气，能够有效降低供气压力同时达到节电效果；在空压机上加装变频器等组件，能够使得电机的转速与生产所需的压缩空气气压达到最佳配合，能够优化生产的动力供气，大大降低空压机的耗电，节电率达到15%左右。

⑤安装电子粗纱断头停止运动检测器代替气动系统，每台机器每年能够节省3.2kW·h。

⑥企业厂房的空调系统轴流风机选用低能耗的能够在增加风量的同时达到节电的目标，如海兰节能型风机叶轮能够增加18%以上的风量同时节电率达到20%以上。

随着技术与工艺的进步，已有许多纺纱与织造环节的机器更新换代，能够在生产环节有效减少能耗。利用无纺布代替机织布突破了传统的纺织原理，不需要纺纱和织造环节，由短纤维或细丝定向或随机排列形成纤维网结构，再通过热、机械或化学方法进行强化，能够节省大量的电力和水资源。

5.3.1.2 燃料燃烧和热介质消耗

在2010年前，学者大多关注纺织行业的节水和废水处理，对于碳排放关注的较少，因此早期纺织行业的碳排放源分为两类，分别是电力消耗和燃料燃烧，湿法加工中的碳排放几乎都来自燃料燃烧，热蒸汽等热介质由煤炭等燃料燃烧产生，随着纺织工业的发展，部分纺织企业废置了锅炉，通过外购热蒸汽等热介质来支持设备运行，因此湿加工环节的碳排放源分为了燃料燃烧和热介质消耗。纺织企业中的燃料燃烧主要用于机械设备和移动运输设备。机械设备包括烧毛机、定型机、烘干机、(热水/蒸汽)锅炉等，印染环节中许多工艺都涉及燃料燃烧或者需要热能。在羊毛纤维的预处理中需要烧毛这一步骤，使用气体火焰或者热金属板表面去除织物表面的绒毛；在漂白工序中需要将织物浸入含有过氧化氢的碱性溶液中，在蒸汽加热的滚筒上进行洗涤和干燥；印染工艺中，织物会受到物理机械、化学等多种复合作用，使得织物在形态、结构和尺寸上有所变化，为了确保织物的外部形态和尺寸的稳定性，会在印染加工中采用热定形工艺，将涤纶等合成纤维及其混纺织物在适当的张力下加热到所需温度并且保持一定的时间，然后迅速冷却；染色过程中为了使得染料与织物发生反应，在织物上具有高度的固色能力，不仅需要在碱性条件下使用大量的盐，同时还要让织物处于热蒸汽或烘烤条件下，这一条件通过燃烧大量的化石燃料(煤炭)获得，或者直接通过外购热蒸汽；整理过程需要大量的热能进行多次烘干。湿加工环节涉及的热介质除了热蒸汽外，还有导热油和各种温度的热水等，蒸汽使用量最多，占据了66.07%。

在碳达峰和碳中和的目标下，纺织行业开始以调整能源结构进行结构转型升级，不再以煤炭燃烧为主要能源来源，在生产相同产品的前提下，煤炭燃烧产生的碳排放量远高于其他燃料，按每生产10000m布料计算，燃煤蒸汽加热、燃煤导热油加热、液化石油气加热、天然气加热分别产生的碳排放量为21.42tCO_2、8.12tCO_2、6.51tCO_2、6.18tCO_2。同时传统的纺织企业的热蒸汽在通过管道运输的过程中会造成大量的不必要的热损失。为了减少湿加工环节中由燃料燃烧和热介质消耗产生的碳排放，纺织企业主要采取的措施为两个方面，一方面是印染设备的改造，逐步淘汰高能耗、低产出的设备，对锅炉、运输管道等设备进行升级改造，减少不必要的热损失；另一方面是开发新型的染料、助剂、工艺方法，使用绿色能源代替煤炭，提高能源的利用效率，降低能耗，充分利用热能。通过两个方面的改进促进印染行业符合清洁、环保、低碳标准。

(1) 前处理工艺中的节能减排措施

①新型预处理剂。纺织湿加工环节中会涉及许多助剂，采用环保节能的助剂能够在提升产率的同时，改进产品的加工过程，达到节能减排的效果。例如，预处理剂626能够应用于新工艺使得棉纤维(纱线)染色时无须传统工艺的煮练、漂白工艺，可以直接进行染色。新工艺能够实现无碱低温前处理并且可以一浴染色，缩短工艺流程，省去煮练工艺，能够同时达到节电、节水、省气、提高产率的目的。根据过氧化氢漂白原理研发了活化剂，活化剂的催化作用

能够使过氧化氢的有效成分增加，提高分解速率，进而降低漂白所需的时间和温度。

②冷上浆工艺（经纱表面上浆工艺）。采用室温上浆，浆液不需要加温和调浆。浆纱进烘房所带的水分少，烘干时所需要的能耗仅为传统上浆的20%，可以大量减少纱线烘燥时所需要的蒸汽消耗。较低的上浆不仅可以节省浆料，还能方便退浆，减少污水量。上浆成本比传统上浆可降低约85%。

③冷轧堆前处理工艺。在棉织物的印染前采用冷轧堆工艺代替传统的高温工艺，能够节约大量的能源，此工艺在20世纪70年代就在国外印染前处理工艺中占据了前处理总加工数的30%，到20世纪90年代中期在国内的纺织企业中不断推广。与传统的缸内精练前处理相比，冷轧堆前处理降低成本38.8%，节水约2/3，节约蒸汽约70%。

④酶在前处理中的应用。传统的碱煮工艺需要在高温条件下采用碱、表面活性剂等化学药品来完成煮漂工序，耗能大的同时对环境的污染十分严重，而生物酶具有特有的专一性、高效性、温和性、环保性，用其代替传统工艺，能够达到耗能低、工艺流程短、产品质量好等优势。

⑤前处理工艺采用余热回收。高温热废水余热、蒸汽冷凝水余热、定形机废气余热等都是具有较高的回收利用价值，煮练、漂白、退浆、丝光等生产环节的水温要求一般在50～80℃，因此可以配套热交换设备进行余热回收后，利用余热提升用水水温。烟气余热的回收利用可以在烟气出口处安装空气预热器、波纹管换热器等装置，中温的烟气余热可以重新用于干燥、水洗等环节，可以有效提高热介质循环体系的总加热效率。

（2）染色工艺中的节能减排措施

①色纺纱工艺。色纺纱是先将纤维染成有色纤维，然后将两种或两种以上不同颜色的纤维进行混纺，呈现出的纺织品色彩自然，面料能够具有多重变化的立体效果。由于纺成的纱不必经过染色处理即可直接用于织造，产生的污染小，也能够节省能源，控制纺织品的色差。

②冷轧堆染色技术。冷轧堆染色已是目前较为成熟的染色工艺，在常温下完成织物的染色，可以使用低温活性染料，这一工艺能够节省20%～60%的水、电和蒸汽，同时节约20%的染料，工艺流程十分简单，无须烘干和蒸煮，减少燃料的使用，同时上色率与固色率高，排放的污水量少。研究者对比冷轧堆工艺和常规轧染工艺加工每万米布的碳排放量，前者碳排放量为22.125$kgCO_2eq.$，后者的碳排放量为26.4375$kgCO_2eq.$，减排率为16.31%。

③超低浴比染色。在纺织印染环节中,浴比是指在染色过程中纺织原料与染液的重量比,通常 1∶10 以下称为小浴比,浴比低于 1∶7 称为低浴比,1∶3.5 以下称为超低浴比。浴比会直接影响印染加工产品的质量、加工好水量以及最终的废水排放,因此控制浴比的大小会有利于纺织行业的节能减排。目前在印染环节已淘汰了浴比为 1∶10 以上的机器,采用 1∶6 以下的溢流染色机、喷射染色机、气液染色机,可显著降低水耗与能耗以及印染助剂的消耗量。对于采用多管独立供风气流染色机的超低浴比染色技术来说,独立风机与染色机的染色管、喷嘴相连接,独立的吸附管道配置使得风机的送风阻力有效降低,能够大幅度减少蒸汽用量。

④活性染料湿蒸汽染色工。此工艺将纤维素织物和涤纶混纺织物轧染后放入烘箱,在一定温度下快速固色,用水洗涤后即可获得染色完成的产品。这一工艺不仅上色率高,助剂用量仅为传统印染方法的 11%,同时用水量也减少,相应排放的废水也会减少,由于此工艺不需要经过传统的预烘机,能够有效降低蒸汽的消耗。

⑤分布式锅炉体系。染色中消耗的蒸汽量总是变化很大,不可能保持最佳的空燃比。使用多台小包装锅炉并联设置,运行锅炉的数量随着蒸汽压力的变化而变化,这种称为分散式锅炉的系统已经普及。

(3) 印花工艺中的节能减排措施

①新型涂料印花。涂料染色依靠黏合剂和交联剂固着在织物上,流程短、色谱广、成本低、能耗小、用水少、污染少。新型涂料用湿摩擦牢度提高剂替代传统黏合剂,采用纤维增深技术,无须进行高温烘干,有效增强对涂料的吸附,提高上染率。

②数码喷墨打印技术。传统纺织印花需要消耗大量的热能,固色后需要消耗大量的水资源进行水洗,能耗高,污染严重,但数码印花技术采用计算机技术精准控制高精度喷印,大幅度降低能耗,也能够节水减少水处理的压力。

(4) 整理工艺中的节能减排措施

①微波技术。微波技术可代替传统的依靠燃料燃烧的加热技术,主要用于后整理中,用于加热烘干,交联固着或促进化学反应等,微波交联比水浴加热迅速且均匀,采用微波烘干可以缩短传统烘干所需时间,也可以获得较好的阻燃整理效果。微波技术具有反应速度快、产率高、能耗低的优点。

②煤改气/煤改电。在定型工艺中利用天然气来代替煤和油,能够提升 30%以上的能源利用效率。天然气锅炉还可以安装烟气换热器或冷凝式锅炉,以此充分排烟热量,可以获得 93% 以上的锅炉热效率。使用不含硫的天然气无须设置烟

气脱硫设施，目前已有不少纺织企业推进"煤改电"和"煤改气"改造，以提高热效率，减少温室气体的排放。浙江河桥区印染行业完成了"煤改气"的转型，在2020年该地区煤炭消费减少了25.9万吨，据统计，每年可削减原煤50多万吨，二氧化硫和二氧化碳能够分别减排4500多吨和1500多吨。降低电耗能的同时，燃气直接燃烧供热的定型机能够减少管道输送热损失。

除了上述提到的四个工艺阶段的节能减排技术外，还可以通过蒸汽与热电联产装置的多级利用提高热介质的利用率。如图5-12所示，锅炉产生的热蒸汽在冷却后可以逐级应用于定形、染色等，最后还可以用于加热水。在热介质的选择上可以选用中压蒸汽代替导热油，虽然这一技术仅处于起步阶段，但是已有一定的可行性。使用中压蒸汽效率更高，蒸汽热能能够实现梯级利用，综合效率高。不会产生煤粉、烟尘、SO_2和NO_x等污染物，综合节能能够达到40%左右。目前已开发了多项高效燃烧技术来提升燃料的燃烧效率，如高温空气燃烧技术、富养燃烧技术、重油掺水乳化技术、炉窑燃料磁化处理技术。同时也可以对燃料燃烧的器具（锅炉等）进行改进以提升能源的利用效率。有研究者在天然气锅炉上装烟气换热器或冷凝式锅炉，以此充分排烟热量，可以获得93%以上的锅炉热效率。在热载体加热炉上安装空气预热器，通过烟气回收使得空气的预热温度达到150~250℃，能够有效提高燃烧效率，延长炉子使用寿命。

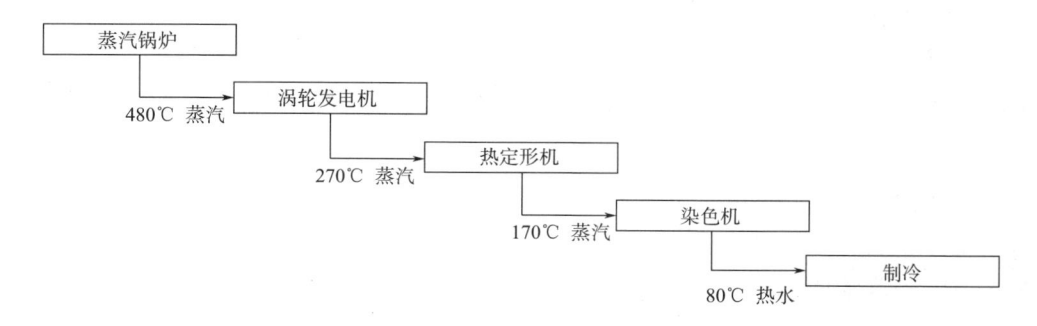

图5-12 蒸汽的多级利用

（5）碳酸盐类助剂消耗

在湿加工环节中，除了前文提到的燃料燃烧和热介质消耗两大碳排放源，染色过程中使用的碳酸盐类助剂也会产生少量的碳排放，在2013年1月1日实施的《上海市纺织造纸工业温室气体排放核算及报告方法》中明确将碳酸盐排放作为直接排放源，并且制定了相关的边界确定方法和核算方法。纺织加工中常见的两种碳酸盐类助剂分别是碳酸钠（纯碱）和碳酸氢钠（小苏打）。纯碱一方面可以作为染色助剂，帮助溶解染料，提升染色率；另一方面可以用于清洗织物的油渍，也可以作为软水剂，使钙离子或镁离子沉淀为碳酸盐。碳酸氢钠可以作为硫化蓝染色的助剂，同时可作为固色剂，制备色浆时加入小苏打，在织物蒸煮时能够分解产生更多的碱，提高织物的皂洗牢度。相较前文中的碳排放源，碳酸盐类助剂产生的碳排放量很低，并且不是每一种纤维织物的印染都需要使用碳酸盐助剂，在减少碳酸盐类助剂消耗产生的碳排放不仅可以使用替代品，还可以采用一些成熟的低能耗工艺。生物酶煮漂工艺、冷堆前处理及染色工艺、泡沫印染工艺等目前都已较为成熟，能够有效减少碳酸盐类助剂的碳排放。在活性染料染色的过程中可以使用替代碱能够有效减少碳酸盐的分解，还可以使用混合碱替代碳酸进行固色。有研究者研制的 HA 型低碱活性染料具有高直接性、高反应性和高固色率的优点，具有两个或多个在微碱条件下可与纤维键合的活性基团，染色率达到 85%~90%，上染率提高了 10%~15%，但是纯碱用量仅为普通活性染料的 1/8。目前还研发了由多种碱剂和缓冲剂组成的混合碱，使用少量即可达到纯碱固色的 pH，FC-208、液体固色剂 DA 等均可以克服使用纯碱固色的缺点。混合碱的用量仅为原纯碱的 1/6~1/10，可以适用于各种活性染料和设备。一些混合碱还可以防止活性染料的水解，有的也可以对活性染料进行一浴染色。使用混合碱代替纯碱，能够大大降低废水中的碱含量，减少碳排放量。

5.3.2 废水处理环节的节能降碳技术

在废水处理环节的节能减排路径主要是低能耗的废水处理技术和废水的资源化利用。

5.3.2.1 聚乙烯醇资源化

聚乙烯醇（PVA）作为织物上浆的主要原料应用于经纱上浆已有 70 多年的历史，全世界约有 50% 的 PVA 浆料用于黏合剂和上浆剂。但是 PVA 是难以生物降解的高聚物，以 PVA 为浆料的退浆废水中 COD 值可达 20000mg/L，可生化性差，$BOD_5/COD_{Cr} < 0.01$。常规的"物化 + 生化"污水处理系统对于含 PVA 的退浆废水的处理效果并不理想，为了减少印染废水的污染，不少企业已经开展推广"无 PVA 上浆生产"，同时也开发并应用新型的退浆废水处理方法，对废水中的 PVA 进行分离回收。研究者利用盐析法回收 PVA，在硫酸钠用量 14g/L，硼砂的用量 1.4g/L，反应时间 20min，反应温度 50℃，溶液 pH 值为 8.5~9.5，当 PVA 浓度达到 12g/L 时，PVA 的回收率 > 90%。定向凝胶分离回收技术可以使 PVA 呈凝胶块状析出，过滤分离回收（图 5-13）。

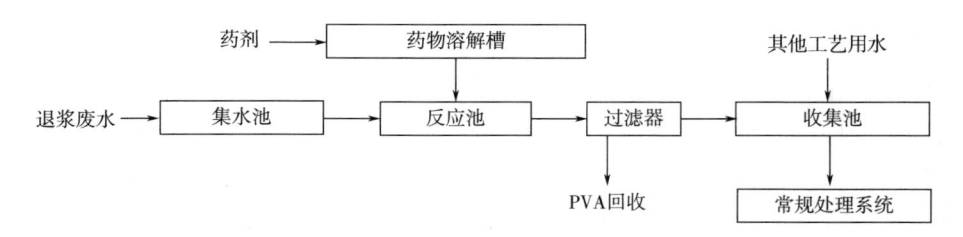

```
药剂 → 药物溶解槽                    其他工艺用水
                ↓                         ↓
退浆废水 → 集水池 → 反应池 → 过滤器 → 收集池
                              ↓           ↓
                           PVA回收      常规处理系统
```

图 5-13　定向凝胶分离回收技术

回收的 PVA 可以投入胶水涂料企业，在达到经济效益的同时，也能够实现废弃物的绿色循环。以日排放 100 吨退浆废水为例，一般含有 PVA 1.5% ~ 2%，日回收 PVA 约 1.5 万吨（市场回收 PVA 价格为 5000 元 /t），每天可达到收益 7500 元。山东某纺织厂利用此方法将退浆废水单独引出经过分离回收 PVA 后，废水的 COD 可以由 20000mg/L 降到 2000mg/L 以下，最后出水的 COD 约为 60，达到排放标准。

5.3.2.2　藻/菌类生物反应器

藻类是光合生物，其代谢特性决定了藻类生物反应器是一类光生物反应器。与传统的活性污泥 CAS（conventional activated sludge system）系统相比，藻类生物反应器不仅对于污染物有更好的去除性能并且运行成本也更低。目前也有研究者在藻类生物反应器的基础上藻类—细菌共生的系统作为一种新兴的生物废水处理技术。有研究者设计了一个保证藻菌共生的系统来培养藻类—污泥共生，ABS 系统处理印染废水时，COD、NH_4^+—N、TP 的去除率分别为 83%、90%、35%，色度为 100 ~ 120 倍，比传统的 CAS 系统分别高了 8%、1% 和 2%，比印染废水处理厂生化阶段的去除率分别高 10%、12%、8%。此外，还有研究者将固定化染料降解菌置于生物活性炭反应器中形成固定床生物反应器，用于处理活性艳红 X-3B 模拟印染废水，当原水 COD 为 380 ~ 420mg/L、色度为 430 ~ 460 倍时，在水力停留时间为 3h、容积负荷为 1.7kgCOD/m^3·d、气水比为 1.5∶1、水温为 30℃ 的条件下，固定床生物反应器对色度、COD、TOC 和 UV254 的平均去除率分别可以达到 87.4%、88.2%、70% 和 76.6%。

5.3.2.3　新型膜生物反应器

传统的膜生物反应器已经是一项成熟的废水处理技术，虽然采用膜分离技术处理纺织废水具有处理效率高、占地面积小、分离效果好等优点，但是反应器的能耗和运行费用都很好，并且容易引起膜污染。因此有研究者在传统 MBR 的基础上开发了新型 MBR 处理印染废水，如图 5-14 所示中的气提式循环流 MBR，COD 去除效果分别平均高达 96.0%、94.9%，色度平均去除率均高达 78.0%，出水稳定，污泥也不容易聚集，膜污染程度低，清洗简单。

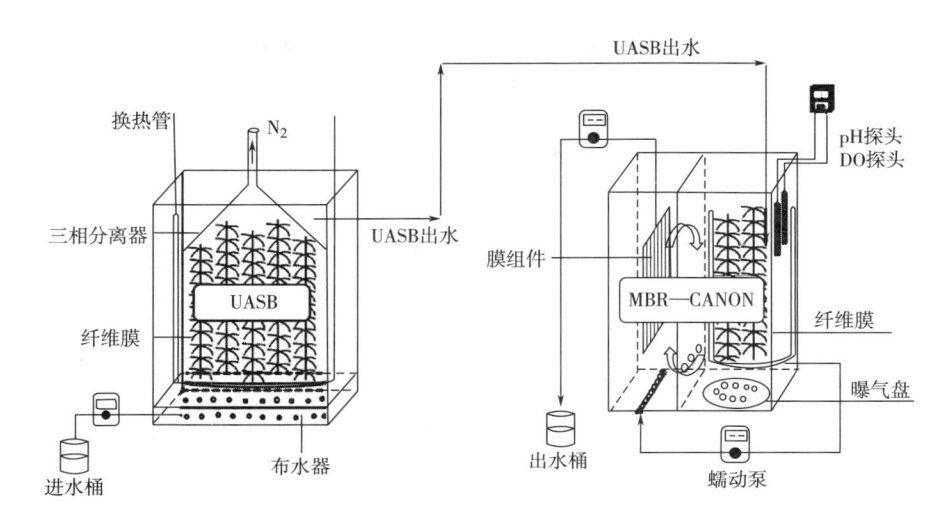

图 5-14　上流式厌氧污泥反应器与完全自养脱氮膜生物反应器组合工艺

将 MBR 与其他工艺组合联用能够对纺织废水进行深度处理，使其达到回用的标准。铁/改性活性炭微电解—MBR 组合工艺经过长期运行，出水 COD 和色度的平均去除率为 94.8% 和 91.0%，处理效果明显高于传统 MBR，其膜通量是传统浸没式 MBR 系统通量的 5.4 倍左右。将膜生物反应器与反渗透工艺联用对印染废水进行深度处理及回用，原水经过处理后，色度、COD、SS 的去除率分别达到了 87.5%、89.9% 和 100%。膜生物反应器系统的出水水质满足了反渗透系统的进水水质要求，通过反渗透系统处理后，盐度和硬度的去除率分别达到了 99.64% 和 99.62%，同时可进一步去除剩余的色度和 COD，系统出水水质满足生产回用的要求。

5.3.2.4　厌氧氨氧化技术

厌氧氨氧化（anammox）是指在厌氧或缺氧条件下，厌氧氨氧化微生物以 NO_2^-—N 为电子受体，氧化 NH_4^+—N 为氮气的生物过程，是一种新型自养生物脱氮反应，无须外加有机碳源，并且污泥产生量小，相对于传统硝化/反硝化脱氮工艺具有显著优势。厌氧氨氧化一般不直接处理废水，会作为二级处理工艺。纺织行业棉织物活性印花工艺会产生大量的废水，不仅浆料浓度高、活性染料残留多、可生化性相对较好，同时也残留大量的尿素，含氮量非常高，进而会导致氮比失调的问题。一般的生化工艺经过厌氧反应器处理虽然可以除去水中部分 COD，但是会将有机氮转化为氨氮，加剧碳氮失调比例，增加后续生物脱氮难度，而厌氧氨氧化技术为低碳高氮废水提供了高效经济的方法。有研究者利用图 5-14 中的上流式厌氧污泥床反应器与完全自养脱氮膜生物反应器组合工艺（UASB/MBR—CANON）处理模拟高氮活性印花废水，该工艺处理活性印花废水总氮去除率达到 70% 以上，COD 去除率和染料脱色率达到 90% 以上，此反应器采用水力循环方式连续冲刷膜组件，经过清洗后，膜通量可以恢复至原始通量的 80%~90%，能够在高效去除污染物的同时，可以有效减缓膜污染。

上流式厌氧污泥反应器（up-flow anaerobic sludge blanket）作为第二代废水厌氧生物处理的典型工艺，具有有机负荷高、处理效果好等优点，与传统的厌氧生物处理工艺相比，实现了水力停留时间（HRT）与污泥停留时间（SRT）的有效分离，是目前研究较多、应用日趋广泛的新型废水厌氧处理设备。江苏某工业园区污水处理厂以 UASB 作为水解酸化池，稳定运行后发现其不仅具有传统水解酸化的作用，废水通过 UASB 还具有脱氮效能且排泥量很少，印染废水通过 UASB 反应池，B/C 可以从进水时的 0.30 提高到 0.42，SS 和色度去除率分别达到 70% 和 76%，并且在此印染废水处理工艺中，废水通过 UASB 反应池，NH_4^+—N 与 TN 也有约 33% 和 40% 的去除效率。这是因为在前端投加了稀 H_2SO_4 调节 pH，UASB 中硫酸盐抑制了产甲烷菌的生长，使整个反应器更好地停留在了水解酸化阶段。

5.3.2.5　染色废水回用技术

每加工 1t 纺织品，用水量为 100~200t，其中 80% 以上会成为工业废水。尤其是其中的染色废水，由于染料种类较多，废水成分复杂、色度高、化学需氧量高，如何妥善处置这些废水是纺织行业的难点。仅仅只针对废水进行治理，不仅会浪费大量的水资源，治理过程中的碳排放量也不容忽视。如果能够对废水处理后进行二次利用，既能保护水资源，又能节约用水。棉织物作为最常使用的织物，染色时最常使用的染料是活性染料。活性染料染色废水中往往含有大量的染料、盐和碱，若直接排放不仅会对环境造成巨大污染，也会造成大量的染料、盐和碱的浪费。

染色废水的水质特点使其在回用时很难用于其他纺织工艺，但由于染料在使用时需要盐和碱作为助剂，因此染色废水在将染料去除或补充后可以再次回用到染色工艺，例如，萃取盐水回用技术，经过萃取后去除废水中的染料，生成盐水，再加入新的染料后可以再次回用于染色工艺，不仅耗水量减少，染色过程中盐的使用量也减少。此外针对含盐较高的棉织物废水采取合理分配与合流废水机制，将含盐较高的浓染色废水经反萃后通入棉织物退浆、精练/煮练废水进入耐高盐水解酸化反应器处理，经萃取后的高盐染色溶液经处理后可以回收利用，能够有效解决盐类难以除去的问题。新疆某纺织企业集棉纺、针织、印染、制衣为一体，生产的废水总量为 1000m³/天，浓度 COD$_{Cr}$ 以 550mg/L，从染缸排出的 1 吨染色废水几乎是包含全部盐类的水，经过萃取—反萃后的 10% 水质 COD 约为 20000mg/L，含盐量为 30000mg/L，随后进入调节池，萃取后产生 90% 的高盐溶液能够进行回用处理（图 5-15）。

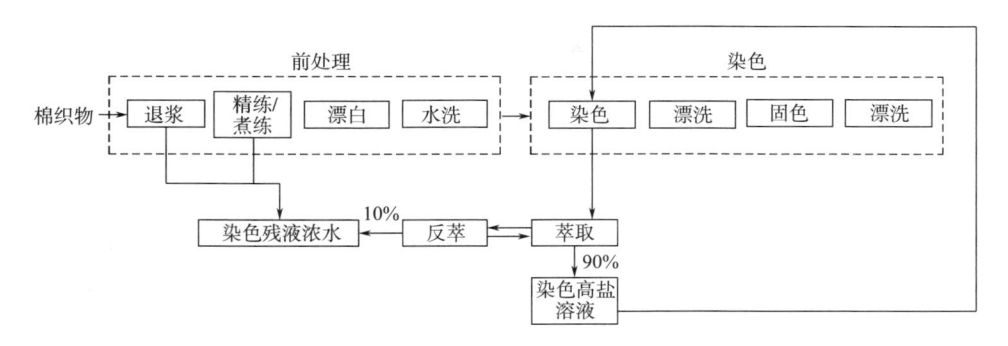

```
                      前处理                            染色
         ┌─────────────────────────────┐  ┌─────────────────────────────┐
棉织物 ──┤ 退浆 ── 精练/ ── 漂白 ── 水洗 ├──┤ 染色 ── 漂洗 ── 固色 ── 漂洗 ├──┐
         │        煮练                 │  │                             │  │
         └────────┬────────────────────┘  └─────────────────────────────┘  │
                  │                                                        │
                  ▼                         10%         ┌──── 萃取 ◄───────┘
         染色残液浓水  ◄──────── 反萃 ◄──────┤
                                            │ 90%
                                            ▼
                                        染色高盐
                                         溶液
```

图 5-15 染色废水萃取—反萃技术

除了萃取以外，还能通过光降解法、化学氧化法、膜分离法等手段对残液进行脱色处理，或是对残液中的染料、助剂进行定量分析后，补加一定剂量的染料与助剂，直接用于下一批染色工艺。有研究者使用臭氧处理活性染料染色废液，在 10min 内就可以将废液中的颜色去除，并且反应过程中并不涉及钠离子的反应，因此回用废水时不需要另外添加盐。

5.3.3 清洁生产实施案例

纺织和印染企业的清洁生产工程实施案例，具体见附录 1 和附录 2。

5.4 纺织工业碳中和标准

由于纺织产业链较为复杂，从纤维、纱线到印染缝制等，全球时尚行业前 200 强产品中仅有 55% 会公布年度碳足迹，仅有 19.5% 会选择公开供应链碳排放情况。随着碳标签、碳关税逐渐成为国际间新的贸易壁垒，一些国家和地区开始建立基于生命周期评价方法的产品环境足迹体系。自 2021 年以来，欧盟制定的碳关税（CBAM）也对纺织行业产生了影响，虽然目前纺织行业并不受碳关税的直接影响，但随着其范围的扩大，纤维和面料必然受较大影响，在欧委会的具有"碳泄漏"风险的行业清单中，其中涉及纺织的有以下几项："纺织纤维的制备和纺丝""无纺布及其制品的制造，服装除外""人造纤维制造""纺织面料整理"。在法国，国民议会在修改《气候法案》时，通过了"在产品上添加'碳排放分数'标签"这一修正案，通过在产品上加入"碳排放分数（CO_2score）"标签来告知消费者相关产品在原料生产、产品制作、包装、运输过程中产生的碳排放量，同时敦促品牌和生产商采取符合国家环保要求的措施。中国纺织工业联合会曾公布了四件由新疆棉制成的不同颜色T恤的碳足迹，四件常见的黑色、白色、蓝色、粉色的T恤分别为1.72 $kgCO_2eq.$/件、1.33 $kgCO_2eq.$/件、1.17 $kgCO_2eq.$/件、1.15 $kgCO_2eq.$/件，以"从摇篮到大门"的周期计算，能源消耗的碳足迹超过了66%，材料（包装、辅料、化学品）的碳足迹不到27%，运输部分在6.5%~7.5%。位于浙江省宁波市的太平鸟时尚中心在企业25周年的纪念T恤吊牌上提供了可查看碳足迹的信息。为了应对国际碳关税贸易壁垒，自贸试验区南京片区打造了"碳擎——企业数字化碳管理平台"，开展出口纺织品"碳中和"标识服务，推动纺织服装产业绿色低碳转型。该平台以纺织品从纱线到成衣的产品全生命周期为核算边界，系统收集纺织品原料成分、能源消耗量、生产过程废弃物处理方式、原料及成品运输方式和距离等碳足迹数据，同时指导企业在生产全周期开展节能减排。通过"碳中和"综合评估认证的纺织品，将以一物一码的形式贴上"碳中和"标识。目前"碳擎"已与国内知名外贸服装企业合作推出了中国第一批经数字化认证的"碳中和"纺织品服装，经过核算，这批服装共计11020件，产生的碳排放量约30.619吨。该企业拥有一片18亩的"碳汇林"，产生碳汇聚量30.64吨，足以抵消这批服装的碳排放量。

　　作为绿色发展的重点关注行业，纺织服装行业始终走在了中国气候创新与可持续发展的前列。2005年开始，纺织行业是第一个在全球供应链和产业层面推动社会责任能力建设和可持续发展创新实践的行业。2017年中国纺织联合会启动了碳管理创新2020行动，纺织行业成了中国最早提出碳中和目标的产业之一。2018年中国纺织工业联合会与全球29个品牌和企业以及10个支持组织在UNFCCC联合国气候变化框架委员会的指导下发起《时尚产业气候行动宪章》。2019年，中国纺织联合会作为缔约方签署了联合国《时尚产业气候行动宪章》，参与时尚产业气候全球治理，并将碳管理创新2020行动升级为气候创新2030行动。2020年，中国纺织工业联合会举办以"气候行动"为主旨的2020中国可持续时尚周—上海季，由此中国纺织服装行业成为响应习近平主席在联合国大会宣布中国碳中和目标的行业。2016年至今，纺织行业已有251种绿色设计产品、91家绿色工厂、10家绿色供应链企业、11家绿色设计示范企业被工信部列入绿色制造体系建设名单，工业和信息化部联合了各部委陆续发布了多个纺织行业高质量发展的实施意见，旨在推动加快绿色制造、绿色设计，促进纺织行业节能减排（表5-4）。

第 5 章 面向碳中和目标的纺织工业清洁生产

表 5-4 纺织工业"减污降碳"高质量发展相关政策

年份/年	文件名称	内容
2016	工业和信息化部《纺织工业发展规划（2016—2020）》	从提升产业创新、大力实施"三品"战略、推进纺织智能制造、加快绿色发展进程、促进区域协调发展、提升企业综合实力等六项重点任务，并以化纤行业、产业用纺织品、天然纤维、服装家纺高端纺织机械制造等为重点领域，加强产业创新，优化产业结构
2019	工业和信息化部《关于促进制造业产品和服务质量提升的实施意见》	加快重点领域质量安全标准、绿色设计与生产标准制定，推动轻工纺织等行业创新产品发布，持续促进消费品工业提质升级
2020	工业和信息化部、农业农村部等六部委《蚕丝绸产业高质量发展行动计划（2021—2025）》	发展智能绿色制造，推动产业上下游共同实现绿色发展
2021	工业和信息化部《循环再利用化学纤维（涤纶）行业规范条件》《循环再利用化学纤维（涤纶）企业规范公告管理暂行办法》	纺织行业部分材料的循环再利用工作指导性标准
2021	工业和信息化部《"十四五"工业绿色发展规划》	加快纺织等重点行业实施清洁生产升级改造，通过构建绿色低碳技术体系、产业结构高端化转型、促进资源利用循环化转型等促进碳排放强度持续下降

《绿色产业指导目录（2019 年版）》和《绿色债券支持项目目录（2021 年版）》中都纺织品列入废旧资源再生利用项目，并且将纺织行业的园区产业链循环化改造项目列入清洁生产产业（表 5-5）。

表 5-5 纺织行业相关条例

文件名称	条目	具体内容
绿色产业指导目录（2019 年版）	1.7.2 废旧资源再生利用	包括废旧金属、废橡胶、废塑料、废玻璃、废旧太阳能设备、废旧纺织品、废矿物油、废弃生物质等废旧资源的再生利用
	2.1.1 园区产业链循环化改造	包括电力、钢铁、有色金属、石油石化、化学工业、建材行业、造纸行业、纺织行业、农牧业等，以本行业为基础建立跨行业产业链接，实现废弃物最小化或能源梯级利用
	6.5.2 低碳产品认证推广	包括硅酸盐水泥、平板玻璃、铝合金建筑型材、中小型三相异步电动机、建筑陶瓷砖（板）、轮胎、纺织面料、钢化玻璃、三项配电变压器、电弧焊机等产品的低碳产品认证和推广

续表

文件名称	条目	具体内容
绿色债券支持项目目录（2021年版）	1.5.2.2 废旧资源再生利用	废旧金属、废橡胶、废塑料、废玻璃、废旧电器电子产品、废旧太阳能设备、废旧纺织品、废矿物油、废弃生物质、废纸（废旧印刷制品等）、废旧脱硝催化剂、除尘用废旧布袋等废旧资源的再生利用
	2.3.2.1 园区产业链接循环化改造	在工业园区内，电力、钢铁、有色金属、石油石化、化学工业、建材行业、造纸行业、纺织行业、农牧业等，以企业为基础建立跨行业产业链接，实现最大化的废弃物资源接续利用，实现废弃物循环利用，或能源梯级利用的技术改造活动

自2016年起，关于纺织行业的意见指南以及相关指导性文件也是督促纺织行业落实低碳转型与绿色发展。但是目前针对纺织行业碳中和的法律法规以及标准仍待完善，中国的行业标准主要参照世界其他国家的标准，自有的标准进度处于落后状态，纺织企业的参与度也是不足的。《纺织行业碳中和评价指南》也处于立项状态（由中国材料与试验团体标准委员会立项，编号为CSTM LX1200 00858—2021），并未出台（表5-6）。

表5-6 纺织行业落实低碳转型与绿色发展相关意见指南

年份	文件名称	内容
2016	中国纺织工为联合会《纺织工业"十三五"科技进步纲要》	提出"强化绿色环保、资源循环利用、高效低耗、节能减排先进适用技术、工艺和装备应用推广、淘汰落后产能，提升行业整体技术水平"
2017	《中国化纤工业绿色发展行动计划（2017—2020）》	到2020年，绿色发展理念成为化纤工业生产全过程的普遍要求，化纤工业绿色发展推进机制基本形成。绿色设计、绿色制造、绿色采购、绿色工艺技术、绿色化纤产品将成为化纤工业新的增长点，化纤工业绿色发展整体水平显著提升
2020	中国循环经济协会《废旧纺织品回收利用规范》	推动绿色发展、壮大资源循环利用产业，推进纺织品回收利用行业结构调整和产业升级
2020	中国循环经济协会《〈废旧纺织品回收利用规范〉团体标准管理暂行办法》	推进废旧纺织品回收利用行业结构调整和产业升级，加强行业引导，开展企业自律

续表

年份	文件名称	内容
2020	中国棉纺织行业协会《纺织印染工业废水治理工程规范》	规定纺织印染工业废水治理工程的设计、施工、验收、运行和维护的技术要求
2021	中国纺织工业联合会《纺织行业"十四五"绿色发展指导意见》《纺织行业"十四五"科技发展指导意见》《纺织行业"十四五"纺织行业发展纲要》	明确指出在我国构建"双循环"新发展格局背景下以及国家碳达峰、碳中和目标导向下纺织行业要建立健全绿色低碳循环的产业体系,发展以可持续发展为特征的"绿色时尚",并在具体的实现措施上做出重要的指导

5.5 面向碳中和目标的纺织工业发展展望

全球变暖是人类面临的全球性问题,严重影响着人类社会可持续性发展,科学界主流观点认为造成全球变暖的主要原因是人类生产活动过量排放二氧化碳等温室气体。我国提出了"双碳目标",即二氧化碳排放力争2030年前达到峰值,力争2060年前实现碳中和。为实现这一目标,各个行业需加快推动产业全面绿色低碳转型,实现低碳发展推动并引领能源低碳革命、绿色低碳工业体系创建的重大战略目标。本书从全产业链的角度分析了纺织工业中具有减碳潜力的环节,基于生产过程节能减排和资源再生利用对具有应用前景的降碳技术进行归纳,从环境管理层面详述产业聚集化的工业区发展模式的优势,并通过典型案例进行探讨。"一带一路"沿线国家在纺织工业领域还需从以下两个方面进行努力。

5.5.1 加速工业园集聚化

在经济建设发展初期,为了尽快促进经济发展,同时方便管理企业及执行各项政策,政府提出了建立密集型工业区即经济产业园。此后,工业产业聚集化发展模式成了我国发展区域经济的重要标志。纺织工业作为制造工业领域的重要一部分,也紧随国家政策进行行业发展。截至2018年底,我国纺织行业集群试点地区的纺织企业约为19.43万户,其中规模以上的企业约为1.53万户,工业总产值达3.63万亿元,其中规模以上企业产值达2.56万亿元,集群内规模以上企业户数约占全国规模以上企业户数的41%。截至2018年底,我国纺织产业逐渐形成了以长江三角洲、珠江三角洲、海西地区、环渤海三角洲为主的四大行业集群区域,其中浙江、江苏、福建、山东、广东五省纺织企业最多,其中浙江44家,江苏43

家，广东 29 家，山东 26 家，福建 15 家。目前浙江省的绍兴滨海工业园区和诸暨华都纺织产业园，广东省汕头潮南纺织印染环保综合产业园在集聚化模式上具有一定的代表性。

经过数十年的发展，中国境外园区在可持续发展方面积累了一定经验，如越南龙江工业园、中埃泰达苏伊士工业园等典型园区在生态环境保护、产业升级等方面有了整体提升，中国政府针对这些国家级境外经贸合作区设立了考核机制，但总体来说境外园区绿色发展仍处于起步和探索阶段，尚未形成绿色发展长效机制。因此，共建绿色"一带一路"境外园区，要巩固充实规划对接、机制对接、项目对接的整体发展框架，扎实推进"五位一体"以共同构建与东道国的互联互通伙伴关系，通过借鉴中国经济技术开发区发展经验，结合东道国的实际情况和具体要求，将长远发展与当前实际紧密结合，既可以从顶层设计着手，采取设立组织机构、科学编制规划，建立对接平台，实施项目清单的方式；也可以直接从务实合作切入，启动一批双方有共识、条件具备的成熟园区打造试点示范项目，尽早让各方分享到成果，促进境外园区绿色化进程走上快速发展轨道，为绿色"一带一路"建设打好坚实基础。东南亚的越南、印度尼西亚等国家的纺织产业也呈现了集聚化发展的势头。

5.5.2 强化环境影响评价和排污许可制度的融合作用

环境影响评价和排污许可证制度是国际上公认的推动可持续发展的重要环境管理工具，也是"一带一路"倡议下我国对外投资和产能合作必须满足的环境制度要求。进一步强化环境影响评价在对外投资与产能合作中的积极作用，对推动绿色"一带一路"建设具有重要意义。在国外投资与援助的推动下，"一带一路"重点国家（区域）将积极对接国际标准，环评制度规定和要求趋严趋全，环评体系建设处于快速提升阶段且有较大发展空间。环境影响评价和排污许可制度已脱离独立的管理手段地位，成为各国项目环境管理周期中衔接后期环境监督与管理的重要环节，进一步重视和强化项目全过程环境管理模式，强化审批后监管，有利于落实环境风险防范措施，提高环境管理绩效，促进环境质量持续改进。推进排污许可制度时，集聚化的工业园区形成了以地方政府、园区管理委员会、污水处理厂、纺织企业协同管理模式。纺织企业和污水处理厂作为主要参与者，协同制定纳管标准，污水处理厂还负责监管企业废水排放。地方政府作为政策的主要发起人，不会干预内部间接排放标准的制定，并在政府和企业间起到协调作用。在政府驱动下，这种协同管理模式的决策过程是开放的，使企业的积极性、主动性显著提高。

　　针对全球的"碳中和"目标,"一带一路"沿线国家的纺织行业需加快转变经济发展方式。在制度法规方面,应建立完善企业排污排碳数据管理和分析系统,加强产品从生产源头、生产过程直至成品的生命周期碳排放管理。在产业技术方面,探索降低行业能源消耗的清洁生产技术,发展节能减排的废水废气治理技术并推广应用。在环境管理方面,鼓励纺织产业发达地区建设配套齐全、产业完善的聚集化工业园,编制园区碳排放清单,充分发挥以政府为引导、企业为主体的作用,自觉加快和加强设备更新、技术学习和管理改进,提高能源效率。通过以上三个方面的努力,利用技术发展和制度完善为全球的纺织行业实现绿色可持续发展提供强大助力。

参考文献

[1] 王勇，秦利.东北亚丝绸之路的历史演变与柞蚕产业发展的思考[J].蚕业科学，2017，43（6）：1022-1030.

[2] 王华.非洲古代纺织业与中非丝绸贸易[J].丝绸，2008（9）：47-49.

[3] 鲍志成.古代丝绸之路的历史作用概论[J].文化艺术研究，2015，8（3）：20-30.

[4] 易云.浅谈从古丝绸之路到"一带一路"建设[J].国际公关，2019（10）：278-280.

[5] 王治来.丝绸之路的历史文化交流与"一带一路"建设[J].西域研究，2017（2）：98-106.

[6] 屠恒贤.丝绸之路与东西方纺织技术交流[J].东华大学学报（社会科学版），2003（4）：62-67.

[7] 吕超，娄义鹏.丝绸之路与古代中亚地区的民族发展[J].经济与社会发展，2018，16（1）：15-19.

[8] 周菁葆.丝绸之路与汉代西域的毛纺织技术[J].浙江纺织服装职业技术学院学报，2012，11（3）：50-54.

[9] 许征宇."一带一路"背景下我国纺织业全球价值链分工地位的研究[D].天津：天津工业大学，2019.

[10] 金应忠."一带一路"是欧亚非的共同发展战略[J].国际展望，2015，7（2）：85-96，148-149.

[11] 熊婧涵."一带一路"下纺织业经济发展机遇和挑战[J].山东纺织经济，2018（6）：5-6.

[12] SHEN Z P, JIAN X B, ZHAO J, et al. Study on the modes of chinese overseas industrial cooperation zones along the belt and road[J]. China City Planning Review, 2020, 229（1）: 40-49.

[13] 李圣男，郝淑丽."一带一路"背景下中国—印尼纺织服装产业关联效应分析[J].毛纺科技，2018，46（7）：92-97.

[14] 张焕.越南纺织服装行业发展现状及其面临的问题[J].纺织导报，2020（4）：

12-14.

[15] 赵颖."印尼制造4.0"聚焦纺织产业[J].纺织科学研究,2019(8):36-38.

[16] 黄俊杰,张建纲,高东辉,等.东南亚六国纺织专利布局解析(上)[J].纺织科学研究,2021(2):34-37.

[17] 黄俊杰,张建纲,高东辉,等.东南亚六国纺织专利布局解析(下)[J].纺织科学研究,2021(3):34-41.

[18] 王华.中国纺织服装产业投资非洲的区域选择与策略[J].纺织机械,2016(1):58-60.

[19] 埃及驻华新闻处.埃及纺织业投资指南[J].纺织科学研究,2020(7):34-38.

[20] 孟宪哲.如意集团—巴基斯坦纺织工业园投资论证分析[D].青岛:青岛大学,2017.

[21] 侯海燕.印度技术纺织物发展之路[J].中国纤检,2013(16):50-51.

[22] 夏晓玲.中国与印度纺织服装在美国市场的竞争力比较研究[D].上海:东华大学,2018.

[23] 丛政.土耳其纺织及纺织机械工业情况[J].纺织机械,2013(4):3-8.

[24] 冯含笑,魏孟媛,薛文良.中亚国家纺织服装行业比较分析[J].国际纺织导报,2020,48(10):1-6.

[25] 林亮,王瑾,李德福.中国纺织工业现状及转型发展的思考[J].管理观察,2016(26):106-108.

[26] 杨纪朝.碳达峰碳中和目标为纺织科技创新开辟新路径[J].棉纺织技术,2022,50(1):2-3.

[27] 袁玲.生态文明建设背景下的纺织工业转型[J].现代商贸工业,2020,41(27):14-15.

[28] 方恺,席继轩,李程琳.全球碳中和趋势下的"绿色丝绸之路"建设:中国的路径选择[J].治理研究,2022,38(3):35-44.

[29] 税永红,张利英.纺织工业的清洁生产[J].成都纺织高等专科学校学报,2002(3):13-17.

[30] 钱易.清洁生产与可持续发展[J].节能与环保,2002(7):10-13.

[31] 段宁.清洁生产、生态工业和循环经济[J].环境科学研究,2001(6):1-4,8.

[32] 周长波,李梓,刘菁钧,等.我国清洁生产发展现状、问题及对策[J].环

境保护，2016，44（10）：27-32.

［33］张继栋，潘健，杨荣磊，等.绿色"一带一路"顶层设计研究与思考［J］.全球化，2018（11）：42-50，106，133-134.

［34］EUROPEAN IPPC BUREAU. Best available techniques（BAT）reference document for textile industry［J］. European Commission，2003.

［35］生态环境部.纺织工业污染防治可行技术指南［EB/OL］.2021.

［36］马妍，白艳英，于秀玲，等.中国清洁生产发展历程回顾分析［J］.环境与可持续发展，2010（1）：4.

［37］廖健，刘剑平，单洪青.我国对清洁生产的鼓励政策［J］.当代石油石化，2005（2）：27-30.

［38］郭红燕.我国清洁生产政策现状、问题及对策建议［J］.WTO经济导刊，2013（4）：3.

［39］白艳英，宋丹娜，庆怀韬，等.推动法规修订保障清洁生产审核有效开展：《清洁生产审核暂行办法》修订的研究与分析［J］.环境保护，2013，41（13）：3.

［40］宋丹娜，白艳英，于秀玲.浅谈对新修订《清洁生产促进法》的几点认识［J］.环境与可持续发展，2012，37（6）：4.

［41］滨州环保.生态环境部有关负责人就《清洁生成审核评估与验收指南》有关问题答记者问［EB/OL］.

［42］越通社.越南纺织业力争实现可持续发展目标［EB/OL］.

［43］新华网."一带一路"沿线成我国纺织业海外投资重点［EB/OL］.

［44］纺织快报."澜湄合作"未来五年发展计划出炉，纺织服装业产能合作是优先领域之一［EB/OL］.

［45］越通社.越南纺织品服装业实现"绿色化"发展［EB/OL］.

［46］越通社.《2030年国家环境保护战略和2050年愿景》获批［EB/OL］.

［47］越通社.越南资源与环境部就绿色能源可持续发展提出7项建议［EB/OL］.

［48］越通社.越南及时颁布国家环境技术标准［EB/OL］.

［49］搜狐网.老挝多项措施保护自然环境和水资源［EB/OL］.［2022-11-19］.

［50］人民网.老挝赛色塔开发区打造低碳环保的典型［EB/OL］.

［51］BUEN.泰国的清洁生产活动［J］.产业与环境（中文版），1995（4）：58-61.

［52］RENE.中国和印度的清洁生产初步经验［J］.产业与环境，1995，17（4）：5.

［53］中国一带一路网."一带一路"沿线国家的环境状况与主要问题［EB/OL］.

［54］马磊.世界纺织版图与产业发展新格局（六）：俄罗斯篇［J］.纺织导报，2020（3）：6.

［55］澎湃新闻.年产值18亿元！高明秋盈纺织生态科技产业园投产［EB/OL］.

［56］腾讯网.福建省首家智慧能源纺织工业园区投运［EB/OL］.

［57］南通市人民政府.海安常安现代纺织科技园：深入推进生态环境政策集成改革打造产业园区绿色发展现实样板［DB/OL］.

［58］可持续发展：绘就行业和谐底色［J］.中国纺织，2019（10）：78-80.

［59］孙瑞哲.众者行，方致远［J］.中国服饰，2021（7）：20-21.

［60］FIDAN F Ş, AYDOĞAN E K, UZAL N. An integrated life cycle assessment approach for denim fabric production using recycled cotton fibers and combined heat and power plant［J］. Journal of Cleaner Production, 2021: 287.

［61］LI X, REN J, WU Z, et al. Development of a novel process-level water footprint assessment for textile production based on modularity［J］. Journal of Cleaner Production, 2021: 291.

［62］丰翔，孙丽蓉，朱紫嫄，等.纺织产品生命周期评价研究进展述评［J］.印染助剂，2022，39（10）：1-6.

［63］石鑫.新疆近30年棉花生产水足迹时空演变分析［D］.咸阳：西北农林科技大学，2012.

［64］温慧娴，赵西宁，高飞.黄土高原不同降水量区苹果园土壤干燥化效应及生产水足迹模拟［J］.应用生态学报，2022，33（7）：1927-1936.

［65］LUO Y, WU X, DING X. Carbon and water footprints assessment of cotton jeans using the method based on modularity: A full life cycle perspective［J］. Journal of Cleaner Production, 2022: 332.

［66］STEPHAN PFISTER, ANNETTE KOEHLER, HELLWEG S. Assessing the Environmental Impacts of Freshwater Consumption in LCA［J］. Environmrntal Science Technology, 2009, 43: 4098-4104.

［67］刘秀巍.纺织品工业水足迹的研究与示范［D］.上海：东华大学，2012.

［68］卫小华，张立杰.资源环境约束下新疆棉花低碳生产研究［J］.生态经济，2019，35（7）：129-134，173.

［69］简桂良，齐放军，张文蔚.防止早衰增强棉花碳蓄积能力［J］.中国棉花，2010，37（5）：6-7.

［70］CHEN Z K, NIU Y P, MA H, et al. Photosynthesis and biomass allocation of cotton as affected by deep-layer water and fertilizer application depth[J]. Photosynthetica, 2017, 55（4）: 638-647.

［71］杨丽娟. 印染新技术的研究与展望[J]. 科技与企业, 2014（2）: 296.

［72］张红. 新一代聚酯纤维智能制造关键技术发展方向及展望[J]. 纺织科学研究, 2021（8）: 57-59.

［73］庄华炜. 纺织印染废水膜处理技术[J]. 印染, 2009, 35（14）: 54-55.

［74］张鑫, 曹映文. 印染废水反渗透膜处理及回用技术[J]. 印染, 2008（14）: 36-38.

［75］杜鹃, 汪慧安, 张瑞萍. 智能化技术在染色生产中的应用[J]. 纺织导报, 2014（1）: 55-77.

［76］胡广敏. 智能纺纱系统的构建思路及实践[J]. 棉纺织技术, 2016, 44（11）: 32-35.

［77］张彦. 纺织印染废水处理的自动化策略与系统设计[J]. 工业水处理, 2021, 41（3）: 133-136.

［78］吴国辉, 王利娅, 贺晓亚. 数码印花图案生产技术探讨[J]. 印染助剂, 2020, 37（1）: 12-14.

［79］李珂, 张健飞. 纺织品泡沫印染加工技术[J]. 针织工业, 2009（3）: 36-41.

［80］FARIAS L T. Progress in chemical foam technology for dyeing applications[J]. AATCC Review, 2013, 13（2）: 36-41.

［81］刘雅娜, 张连敏. 创新专业设计与无线射频识别技术在智能穿戴的应用: 以一种带有 IC 卡的智能便捷领带装饰结为例[J]. 天津科技, 2018, 45（12）: 63-64, 68.

［82］吴迪. 深入推进纺织行业数字化转型[J]. 纺织服装周刊, 2021（18）: 24.

［83］蔡彬, 檀笑, 叶锦韶, 等. 生物质锅炉清洁生产技术在中小型毛纺织企业中的应用实践[J]. 生态科学, 2014, 33（6）: 1213-1217.

［84］豆合理. 而今新能源太阳能及余热回收综合利用[J]. 江苏纺织, 2012（8）: 19.

［85］周瑶, 郭超, 杨波. 浅析印染废水处理工艺[J]. 黑龙江环境通报, 2010, 34（2）: 94-96.

［86］李睿芝, 郝蕙歆, 张连山. 太阳能直接吸收式印染废水余热回收系统[J]. 河北农机, 2021（2）: 45-46.

［87］李凌云, 蔡如钰, 潘文斌. 纺织印染行业清洁生产方案研究与建议[J]. 能

源与环境, 2014 (1): 20-21.

[88] YURU GUAN, YULI SHAN, QI HUANG, et al. Assessment to china's recent emission pattern shifts [J] .Earth's Future, 2021, 9 (11) .

[89] SHAN YULI, GUAN DABO, ZHENG HERAN, et al. China CO_2 emission accounts 1997—2015 [J] .Scientific data, 2018, 5 (1) .

[90] SHAN YULI, HUANG QI, GUAN DABO, et al. China CO_2 emission accounts 2016—2017 [J] .Scientific data, 2020, 7 (1) .

[91] 朱运锋, 李方, 杜春慧, 等. 气提式循环流MBR处理染整废水实验研究及膜污染分析 [J] . 水处理技术, 2014, 40 (6): 74-77, 82.

附录

附录1 非织造企业清洁生产工程实施案例

一、企业概况

某非织造布生产企业创立于2002年，公司现有总资产近4.5亿元，专业从事水刺非织造布生产和销售。该企业于2004年开始逐步投产，现有7条国际先进的水刺非织造布生产线，其中七号线是新型生产技术水刺布生产线，生产幅宽从0.15～2.3m。年生产能力23000t/年。现有产品涉及工业电子擦拭、高档美容卫材、静电提花去尘、民用清洗擦布、工业合成革基布、医疗护理卫用、手术衣面料、汽车隔音等多领域多用途的系列化产品集群，已成为全球行业内品种最为领先的企业。多项产品和技术获得国家专利，并有多支产品为全球独创的新型水刺布。该企业在2006年通过了ISO 9001和ISO 14001体系认证。现有员工259名，三班制生产，年生产日约330天。

二、清洁生产实施潜力分析

为了使清洁生产工厂顺利开展，切实解决问题，找出降低成本、减少污染的途径，该企业成立了清洁生产工程小组，并明确了各自的职责。

1. 生产工艺分析

该企业生产多种类无纺布，现有7条水刺非织造布生产线（A～G线），其中：A～F线为干法生产线，G线为湿法生产线。年生产能力23000t/年。干法水刺生产工艺流程图（附图1-1），湿法水刺生产工艺流程图（附图1-2）。

现有湿法成网水刺非织造布生产工艺为国内的先进生产工艺，相比干法成网工艺，更适用于克重低、生产纤度小、强度要求不高的产品。公司该工艺主要生产高档医用非织造布。因干法、湿法生产工艺、能耗等情况有较大差异，审核分别统计干法、湿法生产产品产量，2012～2014年的生产情况见附表1-1。

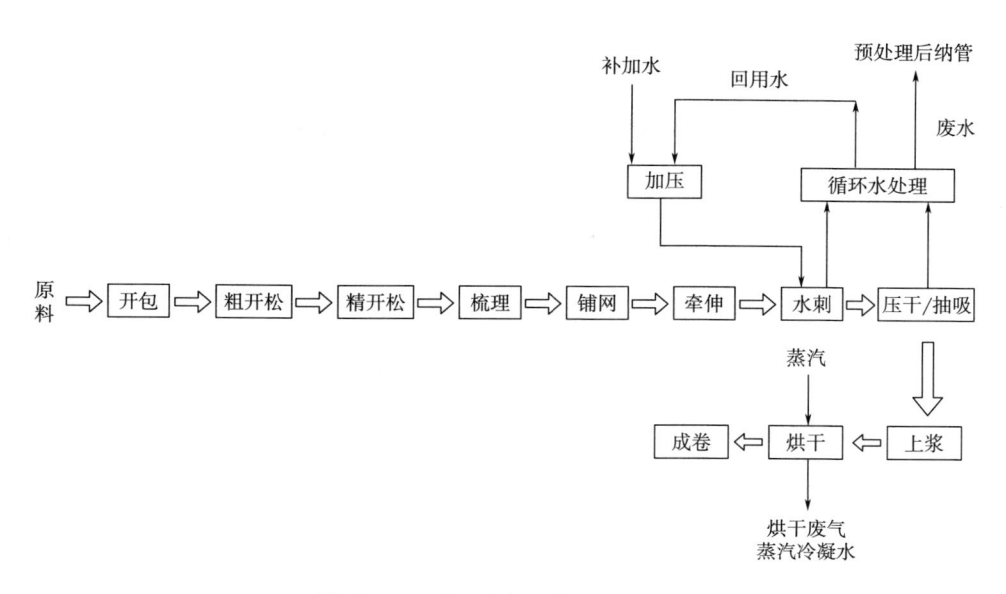

附图 1-1 干法水刺生产工艺流程图

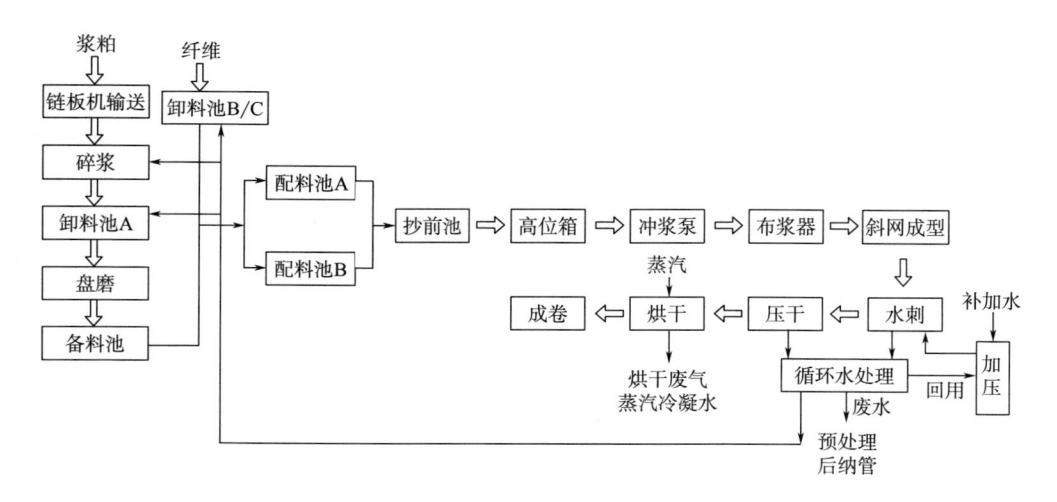

附图 1-2 湿法水刺生产工艺流程图

附表 1-1 企业 2012 ~ 2014 年生产情况

生产情况		2012 年	2013 年	2014 年
水刺非织造布	干法产量 /t	17062.7	17041.7	18263.3
	湿法产量 /t	—	598.2	3961.6
	合计 /t	17062.7	17639.9	22224.9

续表

生产情况	2012年	2013年	2014年
产值/万元	35938	36261	46660
工业增加值/万元	7522	9616	13900

2. 原辅料及能源消耗分析

2012～2014年主要原辅料消耗情况见附表1-2。

附表1-2　2012～2014年主要原辅料消耗情况

主要原辅料		年消耗量/t			单位产品消耗量（t/t产品）		
		2012年	2013年	2014年	2012年	2013年	2014年
非织造布（干法）	涤纶	8984.35	9446.95	9989.7	—	—	—
	木浆纸	1296.22	1181.14	1227.84	—	—	—
	黏胶	8113.51	7719.12	8122.17	—	—	—
	竹纤维	15.18	44.65	89.09	—	—	—
	超细纤维	4.60	13.82	30.51	—	—	—
	特种黏胶	0	8.51	6.9	—	—	—
	铜氨纤维	0	0	168.87	—	—	—
	水溶性纤维	6.22	3.50	0	—	—	—
	丙纶	2.71	0.00	0	—	—	—
	纺粘布	0.38	2.94	10.84	—	—	—
	聚酯网	0.83	0.35	0.48	—	—	—
	纸	139.02	17.91	18.40	—	—	—
	化工浆料	760.63	757.67	807.55	0.045	0.044	0.044
	小计	19323.65	19196.56	20472.35	1.133	1.126	1.125
非织造布（湿法）	特种黏胶	—	365.4	1423.46	—	—	—
	浆粕	—	429.78	3144.75	—	—	—
	化工浆料	—	31.93	189.18	—	0.053	0.048
	小计	—	827.11	4757.39	—	1.383	1.201

由表中单耗可看出：干法生产非织造布浆料单耗与总原料消耗单耗基本稳定，与近年来干法生产非织造布生产及工艺基本稳定有关；湿法生产非织造布浆料单耗与总原料消耗单耗 2018 年明显高于 2019 年，主要原因是湿法生产非织造布 2018 年下半年刚开始试生产，试生产期间废品量较多，2019 年生产基本稳定。

3. 能源消耗

公司主要能源消耗为电、蒸汽与自来水，2012～2014 年能源消耗情况见附表 1-3。

附表 1-3　2012～2014 年能源消耗情况

能源名称	2012 年	2013 年	2014 年
电 /10^4kW·h	2052.7	2206	2732.8
蒸汽 /t	74068	77940	103622
自来水 /10^4t	48.35	50.49	66.20
综合能耗（当量值）/tce	9600.66	10158.74	13259.43
综合能耗（等价值）/tce	13564.43	14418.53	18536.47
万元产值能耗 /（tce/ 万元）	0.377	0.398	0.397
万元工业增加值能耗 /（tce/ 万元）	1.803	1.499	1.334

注　1. "综合能耗当量值" 折标煤标准按 GB/T 2589—2008《综合能耗计算通则》计算：10^4kW·h 电 =1.229tce（当量），10^4t 水 = 0.857tce，1t 蒸汽（压力 0.6MPa、温度 168℃）=0.095tce。
　　2. "综合能耗等价值" 折标煤标准为：10^4kW·h 电 = 3.16tce，其他同上。
　　3. 万元产值能耗与万元工业增加值能耗均为等价值能耗。

4. 企业环境管理状况

由于公司所处行业的特点，生产过程中有废水、废气、噪声及固废的排放。

（1）废水

公司废水包括生产废水与生活污水。

生产废水主要为水刺水与轧干水，水刺水与轧干水经各生产线配套的水处理回用系统处理后回用，但为保证工艺用水的清洁度要求，各生产线配套的水处理回用系统需排放一定量的生产废水，这些生产汇集后纳管排放。

生活污水中冲厕废水经化粪池处理、食堂废水经隔油池处理后与需外排的生产废水一并纳管排放。

公司废水均纳入市政污水管网，执行《污水综合排放标准》（GB 8978—1996）

中三级排放标准，氨氮、总磷排放执行 DB 33/887—2013《工业企业废水氮、磷污染物间接排放限值》中排放限值。由 2014 年废水排放情况计算单位产品废水排放量见附表 1-4。

附表 1-4　2014 年单位产品废水排放量

产品	废水排放量/万吨	产量/t	单位产品废水排放量/（t/t）
干法水刺布	23.55	18263.3	12.89
湿法水刺布	10.38	3961.6	26.20
生活污水	0.56	—	—

（2）废气

生产废气主要为开棉、混棉、梳理产生粉尘及烘干产生的烘干废气。

开棉、混棉、梳理产生粉尘经回清棉系统处理后再经密封滤网过滤后通过排气筒至车间外墙排放。烘干废气主要为水汽，现收集后通过 15m 高的排气筒排放。

生产废气排放执行 GB 16297—1996《大气污染物综合排放标准》表 2 中二级排放标准。

（3）噪声

公司的主要噪声设备有水刺机、水泵、空压机、风机等设备运行产生的噪声。

公司厂界噪声执行 GB 12348—2008《工业企业厂界环境噪声排放标准》中厂界外声环境功能区类别中 3 类标准。

（4）固废

一般固废执行《一般工业固体废物贮存、处置场污染控制标准》（GB 18599—2001）；危险固废执行（GB 18597—2001）《危险废物贮存污染控制标准》。

公司的生产性固废实行分类管理，可回收利用的固废经收集后妥善处置。

2020 年公司固废产生情况及处置方式见附表 1-5。

附表 1-5　2020 年固废年产生量及处理情况表

固废名称		产生部位	年产生量/t	处理情况
一般固废	废品	水刺、分切、检验等工序	1843	主要成分为纤维，外卖综合利用
	过滤滤渣	水处理	5	和生活垃圾一起处理

续表

固废名称		产生部位	年产生量/t	处理情况
一般固废	废包装材料	原材料投用	25	综合利用
	生活垃圾	办公室等	43	环卫部门清运统一处理
合计			1916	—

由附表1-5可知，公司固废都得到了妥善处置。

5. 企业能源消费及利用状况

企业消费能源的种类：电力、蒸汽、自来水。

2014年的各项能源消费量及综合能源消费量见附表1-6（包括主要生产，辅助生产系统，附属生产系统及其他用于生产活动的能源消费），公司电力由电网提供、蒸汽由热电厂提供、自来水由自来水公司提供。

附表1-6　2014年各项能耗分析表

项目	实耗	当量折标煤		等价折标煤	
		折标煤量/tce	比例/%	折标煤量/tce	比例/%
电	2732.8万kW·h	3358.61	25.3	8635.65	46.6
蒸汽	103622t	9844.09	74.3	9844.09	53.1
自来水	66.20万吨	56.73	0.4	56.73	0.3
综合能耗	—	13259.43	100	18536.47	100

注　1. "综合能耗当量值"折标煤标准按GB/T 2589—2008《综合能耗计算通则》计算：10^4 kW·h 电 =1.229tce（当量）；10^4 t 水 = 0.857tce；1t 蒸汽（压力0.6MPa，温度168℃）=0.095tce。
　　2. "综合能耗等价值"折标煤标准为：10^4 kW·h 电 = 3.16tce，其他同上。
　　3. 万元产值能耗与万元工业增加值能耗均为等价值能耗。

从附表1-6可知，蒸汽是公司的主要能源消耗种类、其次是电，因此，减少蒸汽与电的消耗对降低能源消耗意义较大。水的折标能耗占比虽然较小，但绝对耗量远超15万吨，因此，查找节水潜力也非常重要。

6. 清洁生产工程实施重点

根据预评估阶段的分析结果，得出以下初步结论：

①干法生产水刺布为公司主要产品，产量、能耗、水耗及废水等污染物产生量占总量比例大。

②湿法生产水刺布仅一条生产线，产量、能耗、水耗及废水等污染物产生量占总量比例小，且湿法生产线为最新引进先进设备工艺，清洁生产潜力相对也较少。湿法生产主要清洁生产潜力与干法生产水刺布相似，可借鉴干法生产水刺布清洁生产经验。

③公司年综合能源消耗量（等价值）远超过 3000tce/ 年、新鲜水取用量也超过 15 万吨 / 年，能源消耗及水耗总量多，按《浙江省清洁生产审核验收暂行办法》的要求，能源消耗及水消耗需作审核重点之一。

综合上述因素，确定本轮清洁生产实施的潜力重点为干法生产水刺布生产、能源消耗及水消耗。

7. 工程实施目标

根据对企业的产污、排污分析，结合清洁生产的原则，提出将老厂的节能降耗作为清洁生产目标。

以 2014 年数据为现状值，制订清洁生产目标见附表 1-7。

附表 1-7　清洁生产目标

项目		现状	审核期内目标		2015～2017 年目标	
			目标值	变化	目标值	变化
干法水刺布	用汽单耗 /（t/t）	4.45	4.01	↓ 10%	3.83	↓ 14%
	用水单耗 /（t/t）	25.36	17.75	↓ 30%	15.22	↓ 40%
	废水排放量 /（t/t）	12.89	6.45	↓ 50%	5.16	↓ 60%
全公司	万元工业增加值能耗 /（tce/ 万元）	1.334	1.201	↓ 10%	1.134	↓ 15%

8. 实施方案

本阶段产生的清洁生产备选方案汇总见附表 1-8。

附表 1-8　清洁生产备选方案表

序号	方案名称	原因	措施
GF1	采用汽旋隆节汽技术	现烘干采用常规烘筒蒸汽间接加热，热利用效率低，同时使用的疏水阀基本上都是机械动力式圆盘疏水阀，漏气量大	D～G 线采用汽旋隆节汽技术，A～C 线因拟淘汰整线更新，故暂不改造
GF2	废水深度处理回用	2014 年公司废水纳管量 34.49 万吨，排放量大，并接近总量控制指标	建造中水回用系统，对现纳管的生产废水进行深度处理后回用生产，设计回用率 60%

续表

序号	方案名称	原因	措施
GF3	蒸汽冷凝水收集利用	现蒸汽冷凝水作清下水排放，年排放量约10万吨，浪费水资源	将蒸汽冷凝水收集，通过冷水塔冷却后回用作生产工艺用水
GF4	部分电动机变频控制改造	公司11kW以上的未安装变频但适合安装变频装置来节电的水泵、风机、盘磨等共35台，装机功率合计1210.5kW（空压机因考虑采用其他节能方式未列入）	对未安装变频装置但适合安装变频的水泵、风机、盘磨等加装变频控制装置，共35台，装机功率合计1210.5kW

三、清洁生产工程方案可行性分析

（一）GF1 采用汽旋隆节汽技术

方案简介：现烘干采用常规烘筒蒸汽间接加热，热利用效率低，同时使用的疏水阀基本上都是机械动力式圆盘疏水阀，漏气量大。本方案拟在D～G线采用汽旋隆节汽技术来提高蒸汽利用率，A～C线因拟淘汰整线更新故暂不改造。

（1）技术评估

根据市场调查，公司拟采用安耐杰科技的汽旋隆技术，该技术是利用汽旋隆Syclonic蒸汽高效利用装置，配合汽水分离器，使进入烘筒的蒸汽形成循环，最大的提高蒸汽利用率；该系统配备自动控制系统，对每组烘筒的压力进行设定和控制，在进汽压力变化在一定区间内，确保烘筒的压力恒定，进一步实现节约蒸汽使用的目的。因该套蒸汽节能系统配合采用汽水分离器，不但利用了烘干后的低压蒸汽，还避免了疏水阀的蒸汽泄漏损失。本方案技术在行业内已有成功的应用，符合公司工艺需求，技术上可行。

（2）环境评估

本方案实施后可提高蒸汽利用效率，根据其他同类企业使用数据对比，采用本方案技术可节汽15%～20%，节汽效果明显。减少蒸汽使用间接减少热电厂的燃煤烟气污染，有较好的环境效益。

（3）经济评估

本方案约需投资I=120万元（4套装置）。

根据评估阶段测算数据，D、E、F线平均单位产品蒸汽耗用4.37t/t产品、G线平均单位产品蒸汽耗用5.63t/t产品，以D、E、F线2014年产量13486t、G线

2014 年产量 3961.6t 为计算基准，则 D～G 线年蒸汽耗量合计为 81238t。按本方案实施后以节汽下限 15% 计，年可节汽用量可达 12185t/ 年。

按公司平均蒸汽价 150 元 / 吨（不含税）计算，每年可节约蒸汽费用共计 182.8 万元。

折旧期按 10 年计算，贴现率按 10% 计算，行业收益率按 12% 计算，税率按 25% 计算，根据清洁生产审核经济可行性评估要求，各项经济指标计算见附表 1-9。

附表 1-9 GF1 方案各项经济指标计算表

项目	符号	公式	结果
项目投资 / 万元	I	—	120
年运行费用总节省 / 万元	P	—	182.8
设备年折旧费 / 万元	D	$I/10$	12
年增加现金流量 / 万元	F	$P-0.25\times(P-D)$	140.1
投资偿还期 / 年	N	I/F	0.86
净现值 / 万元	NPV	$\sum_{j=1}^{n}\dfrac{F}{(1+i)^j}-I$	740.85
内部收益率 /%	IRR	$i_1+\dfrac{NPV_1(i_2-i_1)}{NPV_1+|NPV_2|}$	116.7

注 经济评估方案入选标准。

①偿还期（N）足够短：简单项目 $N<3$ 年，费用较高项目 $N<5$ 年，费用高项目 $N<10$ 年。

②净现值 NPV ≥ 0。

③内部收益率 IRR $\geq ic$（行业收益率）。

经济评估计算结果：本方案符合入选标准，经济可行。

（二）GF2 废水深度处理回用

方案简介：2014 年公司废水纳管量 34.49 万吨，排放量大，并接近总量控制指标。本方案为建造中水回用系统，对现纳管的生产废水进行深度处理后回用生产，设计回用率 60%。

1. 技术评估

公司目前纳管水质指标见附表 1-10。

附表1-10 目前纳管水质指标

污染因子	COD$_{Cr}$/(mg/L)	浊度/NTU	硬度/(mg/L)	碱度/(mg/L)	电导率/(μS/cm)	温度/℃	SS/(mg/L)	pH值
进水指标	≤150	≤15	≤70	≤30	≤4000	35~42	≤200	7~9

回用水质要求见附表1-11。

附表1-11 回用水质指标要求

污染因子	COD$_{Cr}$/(mg/L)	浊度/NTU	最大细菌含量/(FC/mL)	电导率/(μS/cm)	温度/℃	SS/(mg/L)	pH值
回用水质指标	≤30	≤1	≤100U	≤500	20~35	≤5	6.5~7.5

本方案设计处理工艺为：车间废水—集水池—调节池—气浮池—中间水池—砂滤器—超滤（UF，反洗取水点）—超滤产水箱—反渗透（RO）—浓水外排，回用水进入回用水池。

本项目设计污水回用处理规模为1700m³/天，回收率为60%，即回收量为1020m³/天，外排水量680m³/天。

公司目前废水量为1000~1300t/天，废水通过以上工艺处理后水质可满足生产工艺用水水质要求。

本方案由专业工程公司设计与工程实施，技术上是可行的。

2. 环境评估

本方案实施后可减少废水纳管排放量，减少新鲜水取用量。以设计回用率60%、2014年生产废水量33.93万吨为计算基准，本方案实施后可减少废水排放量20.36万吨/年，同时减少新鲜水取用量20.36万吨/年，有较明显的环境效益。

3. 经济评估

本方案需投资I=650万元。

本方案实施后年可节水20.36万吨/年，以现在用水单价4.7元/吨计算，每年可节约水费共计95.69万元，扣除每年运行费用约88.0万元，本项目实施后年费用总节省7.69万元。

因本方案实施主要考虑环境效益，为公司的长远发展打好基础，直接经济效益不明显，不做经济性评估。

（三）GF3 蒸汽冷凝水收集利用

方案简介：现蒸汽冷凝水作清下水排放，年排放量约10万吨，浪费水资源。

本方案为将蒸汽冷凝水收集，通过冷水塔冷却后回用作生产工艺用水。

1. 技术评估

本方案建一蒸汽冷凝水收集池，并将原蒸汽冷凝水外排管道按回用水要求进行重新铺设，汇集冷凝水到收集池，并在收集池上安装一冷水塔，对蒸汽冷凝水进行循环冷却调节水温，然后与GF2中水回用水混合进一步降温后送往车间补充水刺用水。根据公司测算，通过以上处理水温可满足生产要求。因蒸汽冷凝水清洁度高，只要收集过程中避免污染，水质也完全可满足水刺用水要求。本方案技术上可行。

2. 环境评估

公司年蒸汽耗用量约10万吨，按65%的收集率计算年可回用蒸汽冷凝水约6.5万吨/年，即年可减少新鲜水取用量约6.5万吨/年，有一定的环境效益。

3. 经济评估

本方案需投资 I=30万元，主要投资有购入冷水塔1台、建一冷凝水收集池、重新铺设收集管道及施工费用。

本方案实施后年可回收利用蒸汽冷凝水约6.5万吨/年，即年可减少新鲜水取用量约6.5万吨/年。

按公司现在用水单价4.7元/（kW·h）计算，每年可节约水费共计30.55万元。

本方案实施后年增加运行费用约6万元，则本方案实施后年运行费用总节省24.55万元。

折旧期按10年计算，贴现率按10%计算，行业收益率按12%计算，税率按25%计算，根据清洁生产审核经济可行性评估要求，各项经济指标计算见附表1-12。

附表1-12　GF3方案各项经济指标计算表

项目	符号	公式	结果
项目投资/万元	I	—	30
年运行费用总节省/万元	P	—	24.55
设备年折旧费/万元	D	$I/10$	3
年增加现金流量/万元	F	$P-0.25\times(P-D)$	19.16
投资偿还期/年	N	I/F	1.57
净现值/万元	NPV	$\sum_{j=1}^{n}\dfrac{F}{(1+i)^{j}}-I$	87.75
内部收益率/%	IRR	$i_1+\dfrac{\mathrm{NPV}_1(i_2-i_1)}{\mathrm{NPV}_1+\lvert\mathrm{NPV}_2\rvert}$	63.4

注　经济评估方案入选标准同GF1方案。

经济评估计算结果：本方案符合入选标准，经济可行。

（四）GF4 部分电动机变频控制改造

方案简介：公司 11kW 以上的未安装变频但适合安装变频装置来节电的水泵、风机、盘磨等共 35 台，装机功率合计 1210.5kW，空压机因考虑采用其他节能方式未列入）。本方案对未安装变频装置但适合安装变频的水泵、风机、盘磨等 35 台设备加装变频控制装置，合计装机功率 1210.5kW。

1. 技术评估

本次拟变频改造的设备除 1 台盘磨外，其他均属风机水泵类，这些设备对应生产工况变化较大，均适合进行变频控制来节电。变频控制节电技术为目前成熟的节电及调速技术，适合本方案拟改造设备。

本方案需在停产检修期间实施。

本方案技术上是可行的。

2. 环境评估

本方案实施后可减少电机电耗，有间接的环境效益。

3. 经济评估

本方案的实施共需投资为 I=48.4 万元。

拟变频改造的 35 台设备，合计装机功率 1210.5kW，年用电约 733.4×10^4 kW·h。根据测算，本方案实施后，本方案所涉设备平均可节电 8%，即年可节电 58.67×10^4 kW·h。

按公司平均电价 0.7 元/（kW·h）计算（不含税），每年可节约用电费用共计 41.07 万元。

折旧期按 10 年计算，贴现率按 10% 计算，行业收益率按 12% 计算，税率按 25% 计算，根据清洁生产审核经济可行性评估要求，各项经济指标计算见附表 1-13。

附表 1-13 GF4 方案各项经济指标计算表

项目	符号	公式	结果
项目投资/万元	I	—	48.4
年运行费用总节省/万元	P	—	41.07
设备年折旧费/万元	D	$I/10$	4.84
年增加现金流量/万元	F	$P-0.25\times(P-D)$	32.01
投资偿还期/年	N	I/F	1.51

续表

项目	符号	公式	结果
净现值/万元	NPV	$\sum_{j=1}^{n}\frac{F}{(1+i)^j}-I$	148.30
内部收益率/%	IRR	$i_1+\frac{NPV_1(i_2-i_1)}{NPV_1+|NPV_2|}$	65.7

注 经济评估方案入选标准同 GF1 方案。

经济评估计算结果：本方案符合入选标准，经济可行。

四、方案的实施

1. 方案成果汇总

本轮审核共提出了 4 个方案，实施了其中 3 个方案，通过实施中高费清洁生产方案，取得了较好的效果，现将已实施的中高费方案成果编制见附表 1-14。

附表 1-14　实施的中高费方案成果汇总

编号	方案内容	投资/万元	环境效益和经济效益		
GF1	采用汽旋隆节汽技术	120	节汽 12185t/年，获得经济效益 182.80 万元/年		
GF2	废水深度处理回用	650	节水 20.36 万吨/年、减排废水 20.36 万吨/年，获得经济效益 7.69 万元/年		
GF3	蒸汽冷凝水收集利用	30	节水 6.5 万吨/年，获得经济效益 24.55 万元/年		
合计		800	节能	节汽/(t/年)	12185
				节水/(万吨/年)	26.86
			减排	减排废水/(万吨/年)	20.36
				减排 COD_{Cr}/(t/年)	9.54
				减排氨氮/(t/年)	0.51
			增效	总效益/万元	215.04

注　COD_{Cr}、氨氮减排量为排入环境量，计算方法同排污许可证，计算基数为废水减排量。

2. 实施方案对企业的影响

审核小组将清洁生产实施后的 2015 年 12 月的部分生产经营指标（主要为与清洁生产目标设定有关指标）与清洁生产实施前的 2014 年的相关数据作对比，以此来分析开展清洁生产对企业产生的效果。

2015 年 12 月生产绩效与 2014 年对比见附表 1-15。

附表 1-15 清洁生产实施前后实绩对比

项目			2014 年	2015 年	增减幅度
干法水刺布		产量 /t	18263.3	1708.2	—
	用电量	耗用量 /(10^4kW·h)	2148.1	178.1	—
		单耗 /(kW·h/t)	1176.2	1042.6	−11.4%
	蒸汽耗量	耗用量 /t	81272	6747	—
		单耗（t/t）	4.45	3.95	−11.3%
	用水量	耗用量 /10^4t	50.91	3.03	—
		单耗 /(t/t)	27.88	17.74	−36.4%
	废水排放量	排放量 /10^4t	23.55	0.962	—
		单位产品排放量 /(t/t)	12.89	5.63	−56.3%
湿法水刺布		产量 /t	3961.6	367.7	—
	用电量	耗用量 /(10^4kW·h)	554.6	45.6	—
		单耗 /(kW·h/t)	1399.9	1240.3	−11.4%
	蒸汽耗量	耗用量 /t	22350	1758	—
		单耗 /(t/t)	5.64	4.78	−15.2%
	用水量	耗用量 /10^4t	14.52	0.67	—
		单耗 /(t/t)	36.65	18.22	−50.3%
办公生活及其他	电	耗用量 /(10^4kW·h)	30.1	2.56	—
	自来水	耗用量 /10^4t	0.77	0.07	—
全公司		等价综合能耗 /tce	18536.47	1526.19	—
		万元工业增加值 /万元	13900	1304	—
		万元工业增加值能耗（等价）/（tce/万元）	1.334	1.170	−12.3%

注　折标煤标准同预评估。

从附表 1-15 可以看出，清洁生产工程实施后，公司各项能源单耗都有了明显的下降，主要污染物废水量也下降明显，同时万元工业增加值能耗也有所下降，达到了"节能、降耗、减排、增效"的目的，取得了较好的环境效益、经济效益和社会效益。

3. 企业清洁生产工程目标完成情况

将审核后的 2015 年 12 月的生产实绩与清洁生产目标对比暨企业清洁生产实施目标完成情况见附表 1-16。

附表 1-16　清洁生产目标完成情况

项目		现状	近期目标（审核期内）		2015 年 12 月	
			目标值	变化	实绩	变化幅度
干法水刺布	用气单耗 /（t/t）	4.45	4.01	↓10%	3.95	↓11.3%
	用水单耗 /（t/t）	25.36	17.75	↓30%	17.74	↓36.4%
	废水排放量 /（t/t）	12.89	6.45	↓50%	5.63	↓56.3%
全公司	万元工业增加值能耗 /（tce/万元）	1.334	1.201	↓10%	1.170	↓12.3%

五、持续清洁生产

为了鼓励管理人员和员工积极参与清洁生产，切实做好节能和减排工作，为企业的发展拓展空间，公司完善了相关的管理制度。公司清洁生产奖励条款在人力资源管理、生产管理制度等相关文件中体现，对积极参加公司和本部门清洁生产工作，对做出成绩者，按贡献大小分别给予鼓励、工资晋级、职位提升等。

①把清洁生产成果纳入企业的日常管理。

②建立和完善清洁生产激励机制，对研发、推广应用清洁生产技术，对提出清洁生产建议的员工，要进行奖励。

③保证稳定的清洁生产资金来源，建议企业财务部对清洁生产的投资和效益进行核算，用清洁生产所取得的经济效益投入清洁的生产工艺和清洁的产品研发上去。

④对行之有效的清洁方案实施，经公司清洁生产办公室组织有关部门论证通过后，财务部门保证给予实施资金保证。

附录2　印染企业清洁生产工程实施案例

一、企业概况

某印染企业成立于2013年，企业2018年企业年总产值近3.1亿元，主要从事化纤及混纺织物的印染及后整理加工，主要生产设备有高温高压溢流染色机、高温高压气流染色机、定型机、退浆机等，生产能力为年产化纤及混纺织物的印染加工面料19000万米（折合22800吨/年）。该企业在2019年通过了GB/T 19001—2016质量管理体系认证和GB/T 24001—2016环境管理体系认证，现有员工634人，三班制生产，实行厂长负责制，下设厂长助理、生产技术科、碱减量车间、斜管车间、气流车间、定型车间、机修间、染化料间等部门，年生产日约为330天。

二、清洁生产实施潜力分析

1. 生产工艺概况

该企业主要从事化纤及混纺织物的印染及后整理加工，主要涉及坯布染色生产工艺。工艺流程图见附图2-1。

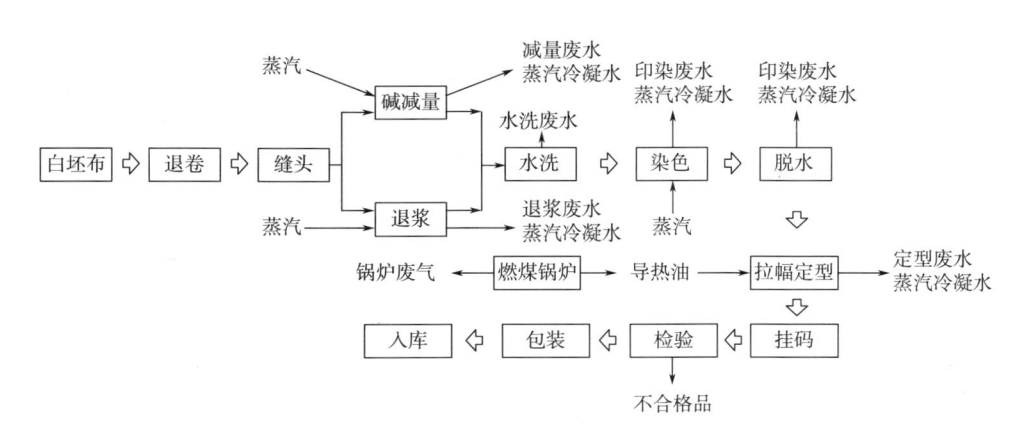

附图2-1　坯布染色生产工艺流程图

对照《淘汰落后生产能力、工艺和产品的目录（第一批、第二批、第三批、第四批)》和《产业结构调整指导目录（2011年本）2013修改版》（发改委令〔2013〕第21号），符合国家和地方产业政策。

2. 2016～2018年主要原辅料及能源消耗

2016～2018年主要原辅材料消耗情况见附表2-1。

附表2-1 2016～2018年主要原辅材料消耗情况

项目	原辅材料总耗量/（t/年）			原辅材料单耗/（kg/t）		
	2016年	2017年	2018年	2016年	2017年	2018年
白坯布	11090	17514.35	16922.98	—	—	—
纯碱	361	459	409	32.55	26.21	24.17
液碱	4777	7927	5849	430.75	425.60	345.62
过氧化氢	117	178	189	10.55	10.16	11.17
保险粉	19	29	36	1.713	1.656	2.127
匀染剂	81	148	125	7.304	8.450	7.386
元明粉	299	355	222	26.96	20.27	13.12
酸性染料	41	151	107	3.697	8.621	6.323
活性染料	21	34	21	1.893	1.941	1.241
阳离子染料	3	2	1	0.270	0.114	0.059
分散染料	355	567	536	32.01	32.37	31.67
退浆剂	54	57	34	4.869	3.254	2.009
防水剂	62	126	127	5.591	7.194	7.504
抗静电剂	16	32	69	1.443	1.827	4.077
柔软剂	26	52	32	2.344	2.969	1.891
增白剂	7	7	7	0.631	0.400	0.414
其他助剂	602	1014	1637	54.28	57.89	96.73
污水药剂	1162	13084	10773	105	747	636

比较2016～2018年的主要原辅料数据，由附表2-1可看出，原辅料单耗存在差异性，主要是由于公司为代加工厂，来料加工布料存在随机性，导致某些原辅料的单耗存在差异。

3. 能源消耗

印染企业主要能源消耗为电力、蒸汽、自来水和河水。蒸汽为商品蒸汽，由热电公式供给；水由自来水公司提供，河水取至澜溪塘东岸；自来水主要供办公生活使用，部分高品质产品也需用自来水；河水主要用于生产；供电由国家电网和热电厂供电，通过 4 台变压器供电。2016～2018 年主要能源消耗情况见附表 2-2。

附表 2-2　2016～2018 年主要能源消耗情况

项目	总消耗量			单位产品消耗量		
	2016 年	2017 年	2018 年	2016 年	2017 年	2018 年
电力 /万 kW·h	1138.22	1578.96	1892.05	0.103	0.090	0.112
自来水 /t	37870	112367	170637	—	—	—
河水 /t	535006	1715768	1013505	48.24	97.96	59.89
蒸汽 /t	168232	239856	240546	15.17	13.69	14.21
综合能耗（当量）/tce	23079.35	32933.06	33346.4	2.08	1.88	1.97

注　单位产品消耗量指每吨的消耗量。

对照《印染行业规范条件（2017 年版）》的要求，印染企业的水重复利用率要达到 40% 以上，公司重复用水率为 72.02%，达到要求。现有印染企业单位产品综合能耗和用水量参照附表 2-3；公司单位产品的水耗和综合能耗同准入条件要求对比，结果见附表 2-4。

附表 2-3　现有印染企业单位产品综合能耗和新鲜水取水量

分类	综合能耗 /（公斤标煤 /100m）	新鲜水取水量 /（吨水 /100m）
棉、麻、化纤及混纺机织物	≤ 30	≤ 1.6
纱线、针织物	≤ 1100	≤ 90
真丝绸机织物（含练白）	≤ 36	≤ 2.2
精梳毛织物	≤ 150	≤ 15

附表 2-4　水耗、综合能耗指标对比表

项目	准入条件要求	企业现状
单位产品综合能耗 /（公斤标煤 /100m）	≤ 30	23.64
单位产品新鲜水水耗 /（吨水 /100m）	≤ 1.6	0.84

由附表 2-4 可以看出，企业单位产品综合能耗、水耗水平均达到《印染行业

规范条件》要求，但考虑到我国对能源的日益重视，大力推广节能减排，因此为提升企业竞争力，本轮清洁生产审核应以节约资源为其中一个审核方向。

4. 企业环境管理状况

由于公司所处行业的特点，生产过程中有废水、废气、噪声及固废的排放。

（1）废水

公司废水主要为工业废水和生活污水，工业废水和生活污水经厂内自建污水处理设施处理后部分回用于生产，部分通过管道外排至污水处理公司，污水排放口执行《纺织印染工业水污染物排放标准》（GB 4287—2012），废水污染物排放情况见附表2-5。

附表2-5 废水及其污染物排放情况表

排污位置	检测项目	排放浓度	排放限值	达标情况
废水排污口	pH 值	6.87	6～9	达标
	COD/（mg/L）	210	500	达标
	氨氮/（mg/L）	13.5	20	达标
	总氮/（mg/L）	19.2	30	达标
	总磷/（mg/L）	0.0263	1.5	达标
	五日生化需氧量/（mg/L）	3.27	150	达标
	SS/（mg/L）	22	100	达标
	色度/度	27	80	达标
	总锑/（mg/L）	0.0301	0.1	达标
	苯胺类/（mg/L）	0.27	1	达标

（2）废气

公司废气主要为定型废气，此定型废气主要特征污染物为颗粒物、非甲烷总烃等。为减少定型过程产生的废气对周围环境的影响，定型机产生的废气经水喷淋+高压静电除尘净化器装置处理，处理后尾气由1根15m高排气筒排放。公司定型工段产生的颗粒物、油烟（以非甲烷总烃计）执行《大气污染物综合排放标准》（GB 16297—1996）表2 二级标准；污水处理站废气（硫化氢、臭气、氨）执行《恶臭污染物排放标准》（GB 14553—1993）表1 二级标准（新改扩建）。企业于2018年委托检测公司对定型废气进行了检测，监测期间企业处于正常投产状态，各生产装置均正常运行，主要废气污染物的排放情况见附表2-6。

附表 2-6　全厂有组织废气监测结果

采样地点	检测项目	检测结果		执行标准		达标情况
		排放浓度 / (mg/m³)	排放速率 / (kg/h)	排放浓度 / (mg/m³)	排放速率 / (kg/h)	
定型机废气排放口	非甲烷总烃	1.4	0.093	120	10	达标
	颗粒物	< 20	—	120	3.5	达标

公司无组织废气主要为定型工段废气处理设施未收集到的颗粒物、非甲烷总烃及污水站废气（氨、硫化氢、臭气浓度），公司厂界无组织废气监测结果见附表2-7。

附表 2-7　全厂无组织废气监测结果

监测因子	监测频次	上风向 G1	下风向 G2	下风向 G3	下风向 G4	浓度限值	达标情况
颗粒物	第1次	0.122	0.147	0.158	0.173	1.0	—
	第2次	0.130	0.138	0.157	0.170		
	第3次	0.118	0.142	0.160	0.175		
臭气浓度	第1次	12	19	16	19	20	达标
	第2次	14	19	17	19		
	第3次	14	18	17	17		
	第4次	13	17	17	18		
氨气	第1次	0.021	0.024	0.029	0.025	1.5	达标
	第2次	0.020	0.025	0.029	0.024		
	第3次	0.022	0.025	0.028	0.024		
	第4次	0.020	0.024	0.028	0.023		
非甲烷总烃	第1次	0.56	0.64	0.68	0.66	4.0	达标
	第2次	0.54	0.63	0.72	0.91		
	第3次	0.50	0.75	0.84	0.61		
	第4次	0.52	0.58	0.63	0.59		
硫化氢	第1次	ND	0.001	ND	ND	0.06	达标
	第2次	ND	ND	ND	ND		
	第3次	ND	ND	ND	ND		
	第4次	ND	0.001	ND	ND		

注　ND（not detected）指未检出。

（3）噪声

公司主要噪声源为染色机、定型机、退浆机等生产设备运行时产生的机械噪声，噪声源强80～89dB（A）。公司对高噪声设备采取了隔声、减震、消声等噪声治理措施，降噪量在20～25dB（A）。企业于2018年委托环境监测公司对厂界噪声进行检测，噪声监测结果见附表2-8。

附表2-8　厂界噪声状况监测结果

测点号	监测时间	测点位置	测量值/dB（A）	
			昼间	夜间
1	2018年9月6日	东厂界外1m	54.6	47.3
2		北厂界外1m	54.7	47.5
3		西厂界外1m	54.7	47.4
4		南厂界外1m	55.0	48.0
标准限值			60	50

（4）固废

一般工业固体废物执行《一般工业固体废物贮存、处置场所污染控制标准》（GB 18599—2001）及2013年修改单标准和《中华人民共和国固体废弃物污染环境防治法》中的相关规定；危险废物暂存场所严格执行《危险废物贮存污染控制标准》（GB 18597—2001）（2013年修正）中的相关要求；生活垃圾参照执行《城市生活垃圾管理办法》（建设部令第157号）。

公司所产生的固体废物包括一般固废、危险固废及生活垃圾。一般固废外售，危险固废委托有资质的单位处置，生活垃圾由当地环卫部门清运处理，因此，本项目固废回用、处置方法妥当，占用土地不多、经济可行，不会对周围环境造成二次污染。2018年各类固体废物的产生量以及处置方式见附表2-9。

附表2-9　固废产生量及处理方式

类别	名称	废物代码	产生量/（t/年）	转移量/（t/年）	暂存量/（t/年）	处理方式
危险固废	废油	HW08 900-210-08	15.804	11.04	4.764	委托公司处理
	染化料包装物	HW49 900-041-49	2.5932	0.3497	2.2435	委托公司处理

续表

类别	名称	废物代码	产生量/(t/年)	转移量/(t/年)	暂存量/(t/年)	处理方式
一般工业固废	污泥	57	4445.91	4445.91	0	焚烧厂处理
	废原料桶	86	5	5	0	外包单位处理
	废金属	82	0.193	0.193	0	
	废纸板	86	136.82	136.82	0	委托纸业公司处理
	废布	86	126.5	126.5	0	委托纺织公司处理
生活垃圾	生活垃圾	—	150	150	0	环卫部门清运

公司设有两个专用危废仓库，位于厂区西南侧，废油及染化料包装物储存在单独的危废仓库，废油仓库面积约 $18m^2$，染化料内袋仓库面积约 $25m^2$，危险废物暂存场所严格按照《危险废物贮存污染控制标准》（GB 18597—2001）的要求规范建设和维护使用。做到防雨、防风、防晒、防渗漏等措施，并制定好危险废物转移运输中的污染防范及事故应急措施。

5. 清洁生产工程实施重点

分析公司产品（染色布）的主要生产工艺，染色和定形工序是公司主要废水、废气污染产生源，是环境和公众压力较大的环节，同时也是清洁生产机会明显的环节，经过简单比较，选取公司染色车间、定形车间、前处理车间作为本次清洁生产实施重点。

三、清洁生产实施方案

经分类汇总，共形成 12 项清洁生产方案，方案汇总表见附表 2-10。

附表 2-10 中/高费用方案汇总表

方案编号	方案名称	方案简介	投入	效益	
				环境效益	经济效益
F11	增加自动隔膜压滤机	污水预处理实施末端工艺污泥脱水增加一台800平方板框压滤机，该设备为自动隔膜压滤机，是一种间歇式加压过滤设备，从而减少污水的排放	77.8万元	污泥减少889t	减少污泥处置费102万元

续表

方案编号	方案名称	方案简介	投入	效益	
				环境效益	经济效益
F12	定形机加装数据采集系统	定型机后车头安装数据采集信息化系统，对每一缸布的各类定型工艺都进行计算机记录，以便之后生产统一批号同一品种坯布时，定型工艺统一，避免因车间因素或其他因素导致回修，提高定型一次合格率	80万元	节约用水5578吨、节约用电7.6万度、节省蒸汽3603t、减少助剂使用	节约水费0.22万元、节约电费5.7万元、节省蒸汽费用72.06万元，减少各类原料成本10万元，增加产值50万元

四、清洁生产方案的确定

1. F11：增加自动隔膜压滤机

方案简介：污水预处理实施末端工艺污泥脱水增加一台800平方板框压滤机，该设备为自动隔膜压滤机，是一种间歇式加压过滤设备，能使污泥的含水率由68%降至60%，从而减少污泥的产生。

（1）技术评估

自动隔膜压滤机由电器柜控制，接PLC可编程控制器设定的程序进行。用于悬浮液的固液分离，依靠压紧装置将板框压紧，在将悬浮液用泵压入滤室，通过滤布来达到固体颗粒和液体物料分离的目的。该设备采用自动隔膜积木式结构，能够在高压力下操作，采用机、电、液一体化设计制作，能够自动压紧、进料、松开、拉板等过程，从而减少污水的产生，降低排放量以及浓度。

（2）环境评估

该方案实施后，能使污泥的平均含水率由68%降至60%，减少污泥量为：4445.91–4445.91×（0.32/0.4）=889（t），其中4445.91t为原固废污泥，因此，该方案从环境角度来说是可行的。

（3）经济评估

方案总投资77.8万元，减少污泥处置费889t×1150元/t=102（万元）。其他经济指标计算见附表2-11。

按经济评估准则，投资偿还期应小于定额投资偿还期。定额投资偿还期一般：中费项目$N<3$年，较高费项目$N<5$年，高费项目$N<10$年，投资偿还期小于定额

偿还期，项目投资方案可接受。本方案净现值≥0，投资偿还期0.9年，小于定额投资偿还期，内部收益率大于40%，因此，本方案在经济上是合理可行的。

附表2-11 方案F11经济指标计算表

序号	经济指标	方案
1	总投资费用 I	77.8万元
2	项目寿命期 n	10年
3	年新增折旧费 D	$D=I/n=7.78$ 万元/年
4	年新增利润 P	$P=102-7.78=94.22$（万元）
5	年净现金流量 F	$F=P\times(1-$ 税率 $R)+D=94.22\times(1-17\%)+7.78=86$（万元）
6	净现值NPV（$ic=6$, $n=10$, $k=5.5824$）	$NPV=F\times K-I=402.3$ 万元
7	内部收益率IRR	>40%
8	静态投资回收期 Pt	$Pt=I/F=77.8/86=0.9$（年）

2. F12：定型机加装数据采集系统

方案简介：本方案在定型机后车头安装数据采集信息化系统，对每一缸布的各类定型工艺都进行计算机记录，以便之后生产同一批号同一品种坯布时，定型工艺统一，避免因车间因素或其他因素导致回修，提高定型一次合格率，同时也能节约定型工序水、电、汽、助剂等各类能源及原料的消耗，降低成本。

（1）技术评估

该方案主要对每台定型机加装数据采集系统（温度采集、超喂采集），温度表采用日本横河UT35A，自带485通信功能，可以一线手挽手方式完成采集，因为定型机实际使用当中，所有显示仪表（除温度、门幅外）基本都是采用模拟量转换后显示的，所以对其他点数采集也采用模拟量转换方式，将采集到的模拟量送给PLC的AD模块后，再由PLC程序进行计算后，使数据和现场达成一致。采用以上方案，对线路改动基本没有，仅需另加采集方案，做成采集柜形式，每套采集柜都是独立单元，制作方式一样，方案一旦确定，也可以适用其他设备不批量采用。因此，该方案在技术上可行。

（2）环境评估

方案实施后，提高了定型产品一次合格率，每年可以降低5%用水量，降低1%的用电量及5%的用气量，则方案实施后定型工序年使用能源情况为：

用水量：111565-111565×5%=111565-5578=105987（t/年）；

用电量：759.36×10⁴-759.36×10⁴×1%=7593600-75936=7517664（kW·h/年）；

用气量：72065-72065×5%=72065-3603=68462（m³/年）。

该方案实施后，年节约用水 5578 吨、节约用电 7.6 万 kW·h、节省蒸汽 3603t、同时可减少助剂使用。因此，该方案从环境角度来说是可行的。

（3）经济评估

方案总投资 80 万元，投资主要为数据采集系统的采购、安装以及其他费用。

方案实施后，节约水费 0.22 万元、节约电费 5.7 万元、节省蒸汽费用 72.06 万元。同时减少各类助剂使用成本 10 万元，增加产值 50 万元，则每年可节约费用共 0.22+5.7+72.06+10+50=137.98（万元）。方案的其他经济指标计算见附表 2-12。

附表 2-12 方案 F12 经济指标计算表

序号	经济指标	方案
1	总投资费用 I	80 万元
2	项目寿命期 n	10 年
3	年新增折旧费 D	$D=I/n=8$ 万元/年
4	年新增利润 P	$P=137.98-8=129.98$（万元）
5	年净现金流量 F	$F=P\times(1-税率R)+D=129.98\times(1-17\%)+8=115.88$（万元）
6	净现值 NPV（$ic=6$，$n=10$，$k=5.5824$）	$NPV=F\times K-I=772.89$ 万元
7	内部收益率 IRR	$>40\%$
8	静态投资回收期 Pt	$Pt=I/F=80/115.88=0.69$（年）

按经济评估准则，投资偿还期应小于定额投资偿还期。定额投资偿还期一般：中费项目 $N<3$ 年，较高费项目 $N<5$ 年，高费项目 $N<10$ 年，投资偿还期小于定额偿还期，项目投资方案可接受。

本方案净现值 ≥0，投资偿还期 0.69 年，远远小于定额投资偿还期，内部收益率大于 40%，因此，本方案在经济上是合理可行的。

五、方案的实施

方案效果见附表 2-13、附表 2-14。

附表 2-13 方案效果一览表

方案编号	方案名称	投入	环境效益	经济效益
F11	增加自动隔膜压滤机	77.8 万元	污泥减少 889t	减少污泥处置费 102 万元
F12	定型机加装数据采集系统	80 万元	节约用水 5578t、节约用电 7.6 万度、节省蒸汽 3603t、减少助剂使用	节约水费 0.22 万元、节约电费 5.7 万元、节省蒸汽费用 72.06 万元，减少各类原料成本 10 万元，增加产值 50 万元
合计		157.8 万元	节约用水 5578t、节约用电 7.6 万度、节省蒸汽 3603t、减少助剂使用，减少污泥排放 889t	可产生 239.98 万元/年的经济效益

附表 2-14 清洁生产目标完成情况表

类别	项目	实施方案前	目标削减量	理论削减量	2019年实际削减量	2019年年底 理论削减率	2019年年底 实际削减率	2019年年底 实际目标现率
能资源消耗指标	单位产品水耗	59.89t/t	5.5t/t	5.71t/t	6.61t/t	9.53%	11%	120%
	蒸汽消耗	14.21t/t	0.28t/t	0.30t/t	0.48t/t	2.1%	3.38%	171%
	单位产品综合能耗	1.97tce/t	0.039tce/t	0.040tce/t	0.07tce/t	2.03%	3.55%	179%
污染物排放指标	单位产品废水排放量	53.2t/t	1.58t/t	1.60t/t	2.7t/t	3.01%	5.08%	171%
	单位产品COD排放量	11.17kg/t	4.2kg/t	6.41kg/t	6.423kg/t	57.4%	57.5%	153%

根据综合评价指数的计算，中高费方案实施后企业综合评价指数的考核评分总分值为：$P=0.7\times 86+0.3\times 93=60.2+27.9=88.1$，比中高费方案实施前略有提高，主要是通过前几轮的清洁生产审核，企业在能资源及重复利用、污染物产生和排放以及废水回用等方面均在不断提高。通过本轮清洁生产审核完，所有方案实施后，该企业清洁生产等级未发生变化，但仍取得了较好的环境效益和经济效益。

六、持续清洁生产

本轮清洁生产审核完成之后，取得的初步成果能不能保持下去，持续发挥应有的作用，这是搞好清洁生产的关键。为此，需要建立和完善清洁生产管理制度。主要要求：

①把清洁生产审核结果纳入企业的日常管理；

②建立和完善清洁生产激励机制；

③保证稳定的清洁生产资金来源；

④与 ISO 1400，ISO 14001 环境管理体系相结合。